Herstellung und Instandhaltung elektrischer Licht- und Kraftanlagen.

Ein Leitfaden auch für Nicht-Techniker

unter Mitwirkung von

O. Görling und Dr. Michalke

verfasst und herausgegeben

von

S. Frhr. v. Gaisberg.

Berlin.
Julius Springer.

1900.

München.
R. Oldenbourg.

VORWORT.

Das vorliegende kleine Buch dankt seine Entstehung einer von Herrn Hans Oldenbourg, dem Leiter der technischen Betriebe der Verlagsanstalt von R. Oldenbourg, gegebenen Anregung, bestehend in einem Hinweis auf das in Laienkreisen vorhandene Bedürfnis nach einer kurz gefaſsten Beschreibung der wesentlichen Teile elektrischer Licht- und Kraftanlagen und einer sich daran anschlieſsenden Erörterung der für die Herstellung und Instandhaltung solcher Anlagen maſsgebenden Grundsätze.

Die unter den vorbezeichneten Gesichtspunkten im nachstehenden gegebenen Regeln beschränken sich auf kleinere Anlagen, wobei namentlich auch die an die Kabelnetze von Elektrizitätswerken angeschlossenen Einrichtungen berücksichtigt worden sind. Auf ausgedehntere Betriebe einzugehen, würde den Umfang des Buches unnötigerweise vergröfsern, weil es nicht möglich ist, die für die Herstellung und den Betrieb umfangreicherer Anlagen notwendigen praktischen Erfahrungen durch Beschreibung der in Betracht kommenden Verhältnisse dem Laien zugänglich zu machen. In letzterer Hinsicht kann nur auf sachverständigen Rat verwiesen werden; überhaupt ist dringend zu empfehlen, in allen zweifelhaften Fällen sachverständige Hilfe hinzuziehen, da bei der Beschaffung elektrischer Anlagen begangene Fehler und Vernachlässigungen in der Instandhaltung der Einrichtungen sich oft schwer rächen, sowohl durch Erhöhung der Betriebskosten als namentlich auch durch die mangelhaften Anlagen anhaftende, von Laien meist unterschätzte Feuersgefahr.

Der Inhalt dieses Buches schließt sich dem von den gleichen Verfassern herausgegebenen Taschenbuch für Monteure elektrischer [Beleuchtungsanlagen [1]) an, indem aus demselben einzelne Abhandlungen auszugsweise wiedergegeben oder in einer für das Verständnis des Laien erforderlichen Weise erweitert [worden sind. Im Gegensatz zu genanntem Taschenbuch sind Anleitungen für die Montagearbeiten im allgemeinen vermieden; Ausnahmen hiervon sind nur in wenigen Fällen gemacht, soweit es sich um eine, bei kleinen Störungen auch dem Laien mögliche, wenn auch nur vorübergehende Abhilfe handelt.

Wie bei den letzten Auflagen des Taschenbuchs für Monteure elektrischer Beleuchtungsanlagen, haben bei der Bearbeitung des vorliegenden Buches die Herren: Oberingenieur O. Görling, Nürnberg, und Dr. Michalke, Charlottenburg, ihre bewährte Mitwirkung in dankenswertester Weise bethätigt.

Hamburg, den 11. Februar 1900.

v. Gaisberg.

---

[1]) Verlag von R. Oldenbourg, München.

Inhaltsverzeichnis.

VIII   Inhaltsverzeichnis.

Mafsregeln für Hochspannungsanlagen.

Winke für die Beschaffung elektrischer Anlagen.

1. Überlegungen vor der Auftragserteilung. Vor der Auftragserteilung zur Herstellung einer elektrischen Anlage mache man sich ein möglichst klares Bild über die zu stellenden Forderungen, um dann erst mit Unternehmern wegen Aufstellung von Kostenanschlägen zu verhandeln. Geschieht dies nicht, so werden in der Regel während der Ausführung der Arbeiten so viele Änderungen und Nachbestellungen notwendig, daß die entstehenden Mehrarbeiten die ursprüngliche Kostenveranschlagung oft gegenstandslos machen und bei der Abrechnung unerquickliche Streitigkeiten zwischen dem Auftraggeber und dem Unternehmer verursachen. Dies ist namentlich darauf zurückzuführen, daß im Vergleich zu der meist knappen ersten Veranschlagung durch Nachbestellungen verhältnismäßig hohe Kosten in erster Linie durch den Mehraufwand an Arbeitszeit entstehen, indem bereits montierte Leitungen und Apparate entfernt und durch neue ersetzt werden müssen oder die Arbeiter auf die neu erforderlichen Gegenstände warten und zur Herbeischaffung derselben durch wiederholt zwischen der Arbeitsstelle und dem Lager des Unternehmers zurückzulegende Wege viel Zeit verlieren. Noch größere Verzögerungen und damit zusammenhängende Mehrkosten entstehen, wenn die erforderlichen Gegenstände von auswärts bezogen werden müssen.

Die als erste Bedingung für eine Auftragserteilung anzustrebende Vorausbestimmung des Bedarfs an Lichtstellen u. s. w., wofür unter 3. die erforderlichen allgemeinen Anhaltspunkte gegeben werden, fällt selten schwer, wenn man die bis zur Einführung der elektrischen Beleuchtung benutzte anderweitige Beleuchtungsart in Vergleich zieht oder sich ein Bild über die zu stellenden Forderungen durch Besichtigung vorhandener elektrischer Anlagen macht. Dabei kommt es weniger darauf an, die Lichtstärke der Lampen als deren Zahl und die Montierungsstellen zu bestimmen; die Wahl der Lichtstärke der Lampen in den meist in Frage kommenden Grenzen kann bis nach Fertigstellung der Leitungsanlage vorbehalten bleiben, da bei einer verlässigen Ausführung hierfür stets ausreichende Leitungsquerschnitte vorgesehen werden.

Ist das System der elektrischen Einrichtung durch den zu bewirkenden Anschluſs an eine vorhandene Stromerzeugungsanlage nicht von vornherein bestimmt, so ist zu entscheiden, ob Gleichstrom, Wechselstrom oder Drehstrom in Anwendung kommen soll. Die hierbei in Frage kommenden allgemeinen Anhaltspunkte sind unter 2. wiedergegeben.

Auf Grund der im vorstehenden angedeuteten und erforderlichenfalls an der Hand der folgenden Beschreibungen der Lampen, Apparate u. s. w. zu erweiternden Überlegungen sind Unternehmer zur Einreichung von Kostenanschlägen und Plänen aufzufordern. Die Pläne können meist auf die Darstellung der Lampenverteilung beschränkt bleiben; Leitungspläne einzufordern hat nur dann Zweck, wenn man dieselben entweder selbst beurteilen kann oder die Beurteilung durch einen Sachverständigen herbeizuführen in der Lage ist.

Am besten wird es dem Auftraggeber gelingen, sich mit den in Frage kommenden Einzelheiten vertraut zu machen, wenn er selbst eine Planskizze über die

Lampenverteilung anfertigt, wozu unter 4. die erforder--
lichen Anleitungen gegeben werden. Handelt es sich um
schriftliche Auftragserteilung an auswärtige Unternehmer,
so kann die Anfertigung von Planskizzen kaum umgangen
werden.

2. Wahl des Systems. Zur Beantwortung der Frage
wegen des für eine elektrische Anlage zu wählenden
Systems ist die Hinzuziehung sachverständigen Rates nicht
zu umgehen; im nachstehenden sollen daher in dieser
Hinsicht nur allgemeine Anhaltspunkte gegeben werden.

Besteht am Orte ein Elektrizitätswerk für Lieferung
von Licht und Kraft, so wählt man zweckmäfsig auch für
eine gesonderte Stromerzeugungsanlage das gleiche System,
um die Möglichkeit zu wahren, bei etwaigen Störungen
in der eigenen Stromerzeugungsanlage unter Umständen
Strom aus dem Verteilungsnetz des Elektrizitätswerks zu
entnehmen. Im übrigen sind für die Wahl des Systems,
wofür Gleichstrom, Wechselstrom oder Drehstrom und
die bei jedem dieser Systeme möglichen verschiedenen
Schaltungsanordnungen in Frage kommen, die folgenden
Gesichtspunkte mafsgebend.

Gleichstrom eignet sich in einem räumlich nicht zu
ausgedehnten Gebiet für Beleuchtung und Betrieb von
Motoren. Als wesentlichster Vorteil des Gleichstrombetriebs
ist die Möglichkeit der Aufspeicherung der elektrischen
Arbeit in Akkumulatoren hervorzuheben; dieselben dienen
als Reserve für den Fall des Versagens der Maschinen.
Bei Anwendung von Akkumulatoren kann daher die
Maschinenanlage unter Umständen kleiner genommen werden,
als der gröfste zeitweise auftretende Strombedarf erfordert,
ferner kann während des geringen Stromverbrauchs, z. B. zur
Nachtzeit, der dann unwirtschaftliche Maschinenbetrieb ganz
eingestellt werden. Des weiteren ist die Bogenlicht-Be-
leuchtung bei Gleichstrom günstiger als bei Wechselstrom
und Drehstrom, indem bei gleicher elektrischer Leistung

die Gleichstromlampe etwas mehr Licht abgibt und das
bei Wechselstromlampen unter Umständen auftretende
Flimmern des Lichtes und das brummende Geräusch fort-
fallen.

Wechselstrom bietet den Vorteil, dafs sich leicht und
sicher hohe Spannungen erzeugen lassen und demzufolge
elektrische Ströme mit verhältnismäfsig geringen Verlusten
auf grofse Entfernungen fortgeleitet werden können; der
hochgespannte Strom kann an der Verbrauchsstelle leicht
in Strom von niedriger, für den Beleuchtungsbetrieb u. s. w.
geeigneter Spannung umgewandelt werden. Die Wechsel-
strom-Motoren besitzen jedoch den Nachteil, dafs sie be-
züglich des Anlassens unter Belastung, des Wirkungsgrades
und der Überlastungsfähigkeit anderen Motoren nachstehen.
Der Wechselstrom eignet sich hiernach für die Stromversorgung ausgedehnter, hauptsächlich Lichtlieferung
beanspruchender Gebiete.

Der Drehstrombetrieb hat mit dem Wechselstrombetrieb
den Vorteil gemein, dafs sich der elektrische Strom ohne
zu grofse Verluste auf grofse Entfernungen übertragen läfst.
Auf dem Gebiete des Motorenbetriebs ist der Drehstrom
dem Wechselstrom wesentlich überlegen, indem die Drehstrommotoren allen an moderne Elektromotoren zu stellenden Anforderungen in höchstem Mafse genügen. Dieselben
laufen im Gegensatz zu den Wechselstrommotoren unter
grofser Belastung an und besitzen einen hohen Wirkungsgrad, ihre Umlaufszahl nimmt mit wachsender Belastung
nur wenig ab, auch ist ihnen eine grofse Betriebssicherheit
eigen. Gegenüber Gleichstrommotoren haben die Wechselstrommotoren den Vorteil, keinen Kommutator zu besitzen
und sonach bei jeder Belastung funkenlos zu laufen. Drehstrom wählt man, wenn elektrischer Strom für Licht-
und Kraftbetrieb auf gröfsere Entfernung zu übertragen ist oder wenn bei geringerer Übertragungs-Entfernung
für Kraftbetrieb die Vorteile des Drehstrommotors gegenüber

dem Gleichstrommotor für bestimmte Anwendungen aus-
schlaggebend sind. Auf den Gleichstrombetrieb kann zu
Gunsten des Drehstrombetriebs um so eher verzichtet
werden, je größer die Anlagen sind und je gleichmäßigere
Belastungen auftreten; für diesen Fall kommt der dem
Gleichstrombetrieb eigene Vorteil der Arbeitsaufspeiche-
rung durch Akkumulatoren weniger in Betracht. In ausgedehnten Anlagen werden unter Umständen Gleichstrom-
und Drehstrombetrieb unter Transformierung der einen
Stromart aus der anderen miteinander vereinigt behufs
Ausnutzung der beiden Systemen für die einzelnen Ver-
wendungsarten eigenen Vorteile.

3. **Beleuchtungsart und Lichtverteilung.** Für Innen-
beleuchtung eignen sich Bogenlampen nur in größeren
Räumen von nicht unter 3,5 m Höhe. Die Lampen sind
so zu verteilen, daß die Schattenwirkungen möglichst auf-
gehoben werden; wichtig dabei ist, daß Wände und Decken
hellfarbig sind, damit das Licht von den Wänden und
Decken zurückgeworfen und zerstreut wird. Da die weiße
Farbe des Bogenlichts dem Tageslicht ähnlich ist, so kommt
Bogenlichtbeleuchtung immer dann in Anwendung, wenn
die Farbe der beleuchteten Gegenstände ähnlich wie bei
Tage erscheinen soll. Handelt es sich um Beleuchtung
niedrigerer Räume oder um Beleuchtung einzelner Arbeitsstellen, so kommen Glühlampen in Anwendung, wobei in
der Regel für jeden Arbeitsplatz eine Lampe erforderlich
ist. Die Glühlampen sind möglichst so anzubringen, daß
sie gegen die Augen des Arbeitenden abgeblendet sind
und den Arbeitsplatz möglichst günstig beleuchten. Für
die allgemeine Erhellung der Räume kommen höher
hängende einzelne Glühlampen oder mehrere in Kronen,
Deckenrosetten u. s. w. untergebrachte Lampen in Anwendung.

Bei gleicher Lichtwirkung ist Glühlichtbeleuchtung
wesentlich teuerer als Bogenlichtbeleuchtung; in vielen

Fällen gestattet aber die Glühlichtbeleuchtung einen spar-
sameren Betrieb als die Bogenlichtbeleuchtung, weil sich
die Glühlichtbeleuchtung den Arbeitsplätzen besser anpassen
läfst und die weitergehend verteilte Beleuchtung an vielen
einzelnen Lichtstellen in oder ausser Betrieb gesetzt werden kann.

4. Plan für die Lampen- und Apparatverteilung.

Steht ein Gebäudegrundrifs zur Einzeichnung der Lampen
u. s. w. nicht zur Verfügung, so bedient man sich einer
aus freier Hand angefertigten Planskizze, wie dies durch
Fig. 1 gezeigt wird. Wesentlich erleichtert wird die Herstellung eines solchen Plans durch Verwendung von mit
Quadrateinteilung versehenem Papier; es genügt hierzu ein
mit entsprechenden Wasserlinien versehener Briefbogen.
Die annähernden Mafse der Räume sind im Plan zu ver-
merken; ferner müssen besonderen Zwecken dienende
Räume, namentlich wenn dieselben feucht sind, sich in
denselben explosive Gase ansammeln u. s. w., im Plan
angegeben werden.

Für das Einzeichnen der Lichtstellen und Apparate
in den Plan sind die nachstehenden, den Sicherheitsvorschriften des Verbandes deutscher Elektrotechniker[1] entnommenen, jedem Elektrotechniker geläufigen Zeichen zu
benutzen:

$\times$ = Feste Glühlampe.

$\sim\!\!\times$ = Bewegliche Glühlampe.

$\circledast$ 5 = Fester Lampenträger mit Lampenzahl (5).

$\sim\!\circledast$ 3 = Beweglicher Lampenträger mit Lampenzahl (3).

Obige Zeichen gelten für Glühlampen jeder Kerzenstärke, sowie für Fassungen mit und ohne Hahn.

---

[1] Sicherheitsvorschriften für elektrische Starkstrom-Anlagen,
herausgegeben vom Verband Deutscher Elektrotechniker; Verlag
von Julius Springer, Berlin, und R. Oldenbourg, München.

⟲ 6 = Bogenlampe mit Angabe der Stromstärke (6) in Ampere; für 1 Ampere rechnet man eine Helligkeit von rund 80 Kerzen, für die 6 Ampere-Lampe sonach 480 Kerzen.

◁ 10 = Dynamomaschine bzw. Elektromotor jeder Stromart mit Angabe der höchsten zulässigen Beanspruchung (10) in Kilowatt. Beim Elektromotor entspricht 1 Kilowatt ungefähr einer Pferdestärke.

⊣|I|I|I⊢ = Akkumulatoren.

⊃— = Wandfassung, Anschlußdose.

ഗ് = Ausschalter.

∅ = Umschalter.

⌐■¨ = Sicherung.

⊠ 10 = Widerstand, Heizapparate und dgl. mit Angabe der höchsten zulässigen Stromstärke (10) in Ampere.

∼∼⊠ 10 = Desgl., beweglich angeschlossen.

Demnach bezeichnen in dem Plan Fig. 1:

a festmontierte Glühlampen mit zugehörigen Schaltern *b*; für die nicht in der Nähe der Wände eingezeichneten Lampen sind Pendelaufhängungen gedacht. Die gesonderten Schalter *b* sind erforderlich, weil die Lampen so hoch hängen, daß sie mit Schaltern an den Fassungen, sog. Hahnfassungen, von auf dem Fußboden stehenden Personen nicht ein- und ausgeschaltet werden können.

c festmontierte Glühlampen, in der Nähe der Wand gezeichnet und demnach an Wandarmen montiert gedacht, ebenfalls mit gesonderten Schaltern *b*.

d Glühlampen mit einem gemeinsamen Schalter *b*. Durch die die Lampen und den Schalter verbindende Linie wird die Zusammengehörigkeit der drei Apparate angedeutet.

e Glühlampen ohne gesonderte Schalter; da hier gesonderte Schalter fehlen, so ist es selbstverständlich, daß

Hahnfassungen anzuwenden sind. Die letzteren sind zulässig, wenn die Lampen, wie es in dem vorliegende Fall

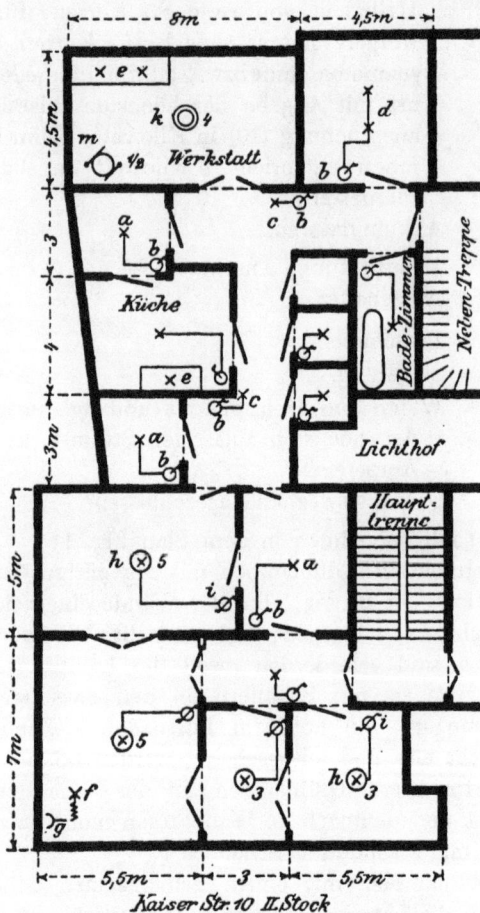

Fig. 1.

gedacht ist, so niedrig montiert sind, daſs sie vom Fuſsboden aus bequem erreicht werden können.

f bewegliche Glühlampe; der Lampenträger, eine Tischlampe od. dgl., ist durch eine biegsame Leitungsschnur mit der Anschlufsdose *g* verbunden.

h Kronen für 3 bezw. 5 Glühlampen mit zugehörigen Umschaltern *i*; mit den letzteren kann man alle Lampen oder nur einen Teil derselben einschalten oder auch die Stromzuführung ganz unterbrechen.

k Bogenlampe für 4 Ampere Stromstärke.

m Elektromotor mit $^1/_2$ Kilowatt Stromverbrauch d. h. rund $^1/_2$ Pferdestärke leistend.

Zweckmäfsig ist es für die gesamte Leitungsanlage in einem Hause oder in einem Stockwerk, einen Hauptausschalter zur Stromunterbrechung in allen Leitungspolen zu verlangen, um bei Nichtbenutzung der Einrichtungen oder bei eintretender Gefahr eine vollständige Unterbrechung der Stromzuführungen zu ermöglichen.

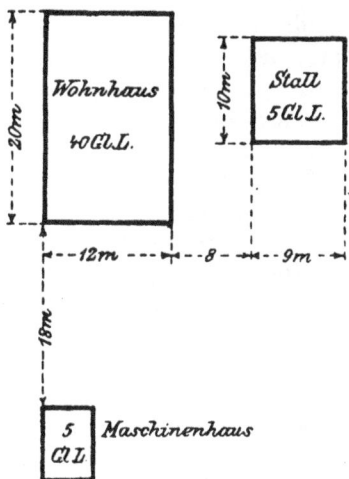

Fig. 2.

Im vorstehenden wurde angenommen, dafs die Stromversorgung aus an dem betreffenden Gebäude vorüberführenden Leitungen, z. B. aus einem Strafsenkabelnetz, erfolgt. Kommt eine Stromversorgung aus einer gesonderten Maschinenanlage in Frage oder soll dieselbe neu beschafft werden, so mufs den für die einzelnen Gebäude in der vorbezeichneten Weise herzustellenden Skizzen über die Lampenverteilung eine weitere, durch Fig. 2 angedeutete Planskizze über die gegenseitige Lage der mit Strom zu

versorgenden Gebäude und des Maschinenhauses beigegeben werden.

5. Auftragserteilung. Der nicht fachkundige Auftraggeber soll für die Herstellung seiner elektrischen Einrichtungen einen Unternehmer wählen, dem er genügendes
Vertrauen auf Grund erforderlichenfalls eingezogener Er-
kundigungen entgegenbringen kann. Zwecklos ist es für
ihn, mehrere Unternehmer zur Einreichung von Kostenanschlägen aufzufordern, falls er nicht in der Lage ist, die
der Angebote selbst zu beurteilen oder durch einen Sachverständigen prüfen zu lassen. Denn die Höhe der Preis-
forderung ist in den meisten hier in Frage kommenden
Fällen von der Güte der in Vorschlag gebrachten Apparate
oder der Drahtisolation, sowie von der Art der Leitungsverlegung abhängig, so dafs nicht allein die Preisunter-
schiede für die Auftragserteilung mafsgebend sein können.

Bei einer Auftragserteilung ist besonderer Wert darauf
zu legen, dafs sowohl der Auftraggeber wie der Unternehmer über den Umfang der zu bewirkenden Lieferungen
vollkommen klar sind. In den meisten Fällen ist es zweckmäfsig, eine Vereinbarung dahin zu treffen, dass die Einrichtungen für den veranschlagten Gesamtpreis betriebs-
fertig herzustellen sind, so dafs bei der Abrechnung eine
leicht zu Streitigkeiten Veranlassung gebende Aufmessung der
Leitungen u. s. w. nicht erforderlich ist; nur wenn eine
Vermehrung der Lichtstellen gegenüber dem Kostenanschlag
vorgenommen oder eine wesentliche Änderung der Leitungs-
anordnung u. dgl. von dem Auftraggeber verlangt wird,
mufs der Mehraufwand an Leitungen, Apparaten und
Arbeitszeit auf Grund der im Kostenanschlag enthaltenen
Einzelpreise gesondert verrechnet werden.

Sind den die Kostenveranschlagung aufstellenden
Unternehmern die örtlichen Verhältnisse nicht bekannt
oder stehen einer bindenden Veranschlagung der Montage-
kosten anderweitige Schwierigkeiten entgegen, so sind

Stundenlöhne für Monteure und Hilfsmonteure, sowie unter
Umständen auch für Hilfsarbeiter zu vereinbaren; in den
meisten Fällen ist es jedoch zweckmäfsiger, wenn die
letzteren von dem Auftraggeber gestellt werden. Ferner
sind festzusetzen die tägliche Arbeitszeit und erforderlichenfalls die Kosten für Hin- und Rückreise der Monteure. Die Arbeitszeit ist in solchen Fällen von dem Auftraggeber zu überwachen.

Für die Anlieferung der Maschinen, Apparate und
Leitungen, sowie für den Beginn der Montierung ist ein bestimmter Zeitpunkt zu vereinbaren, wobei eines unge-
hinderten Fortgangs der Arbeiten wegen Gewicht darauf
zu legen ist, dafs vor Beginn der Arbeiten die sämtlichen
Gegenstände angeliefert werden. Handelt es sich um Einrichtungen in Neubauten, so empfiehlt es sich, zur Vermeidung späterer Streitigkeiten festzusetzen, dafs die Montage der elektrischen Anlage erst nach Beendigung der
Bauarbeiten begonnen werden darf.

In Ermangelung besonderer Abmachung gilt es in
Deutschland als selbstverständlich, dafs die Ausführung
der Einrichtungen auf Grund der fast ausnahmslos für
derartige Arbeiten als mafsgebend angesehenen, oben unter 4.
erwähnten Sicherheitsvorschriften des Verbandes Deutscher
Elektrotechniker zu erfolgen hat.

6. Beaufsichtigung der Montierungsarbeiten. Durch
aufmerksame Beaufsichtigung der Leitungsverlegung, der
Montierung der Apparate u. s. w. gewinnt auch der Nicht-
techniker einen für die spätere Unterhaltung der Anlage
ihm zu statten kommenden Einblick in die Einrichtungen.
Er kann sich hierdurch die Fähigkeit zur Beurteilung auf-
tretender Störungen aneignen und gegebenenfalls in der
Lage sein, die Arbeiten der zur Beseitigung solcher
Störungen herangezogenen Monteure durch Erklärung des
Sachverhalts zu fördern. Bei kleineren Schäden wird er
unter Umständen selbst Abhilfe schaffen können; in dieser

Hinsicht mufs jedoch vor unüberlegten Versuchen gewarnt
werden, weil hierdurch der Schaden nur zu leicht vergröfsert
und weitere Gefahr herbeigeführt werden kann.

7. Hilfeleistung bei der Montierung. Ein für die
spätere Bedienung der elektrischen Anlage bestimmter
Wärter wird zweckmäfsig bei den Montagearbeiten zur
Hilfeleistung beigegeben, damit er den erforderlichen Einblick in die Einrichtungen erhält und die nach deren Fertigstellung zu übernehmende Bedienung und Unterhaltung
erlernt; hierzu gehören in erster Linie das Reinigen der
Bogenlampen und das Einsetzen der Kohlenstäbe in dieselben, sowie die Wartung der elektrischen Kraftmaschinen.
Ein anstelliger Maschinenwärter wird durch die Hilfeleistung
bei der Montage leicht so weit gebracht werden können, dafs
er die Anlage dauernd in gutem Zustand erhalten, namentlich
die Isolation überwachen und dadurch Betriebsstörungen
vorbeugen kann.

8. Abnahme der fertiggestellten Anlage. Nach
Fertigstellung einer Anlage lasse sich der Auftraggeber alle
Einzelheiten der Einrichtung von dem Monteur, welcher
die Anlage ausgeführt oder die Arbeiten geleitet hat, er-
klären; hierbei ist besonderes Gewicht darauf zu legen, die
Handhabung der Sicherungen und Schalter, sowie die
Hauptregeln für Bedienung der Lampen, elektrischen Kraftmaschinen u. s. w. kennen zu lernen. Die Lampen und
namentlich die Kraftmaschinen sind einem Probebetrieb
nach Mafsgabe der bei der Auftragserteilung gestellten Bedingungen zu unterziehen.

Bei dem zu verlangenden Probebetrieb sind sämtliche
Lampen, Motoren u. s. w. einzuschalten. An den Maschinen
ist hierbei die Erwärmung der Wickelung und der Lager
zu beachten; sich erwärmende Widerstände müssen in dem
erforderlichen Abstand von entzündlichen Gegenständen
angebracht sein. Da die gleichbleibende Höchsterwärmung
der Maschinen erst nach längerer Zeit eintritt, so ist der

Probebetrieb, je nach der Größe der Maschinen, auf 2 bis 6 Stunden auszudehnen.

Einleitende Erklärungen.

9. Elektrische Strömung. Die elektrische Strömung läßt sich mit der Wasserbewegung in einer Rohrleitung vergleichen. Zu diesem Zwecke denke man sich zwei in verschiedener Höhe angebrachte Wasserbehälter B und B' (Fig. 3) durch eine Rohrleitung R verbunden. Die Wirkung des die Rohrleitung infolge des Höhenunterschiedes h zwischen den beiden Behältern durchfließenden Wassers gibt, wie im folgenden ausgeführt ist, ein Bild von der elektrischen Stromwirkung.

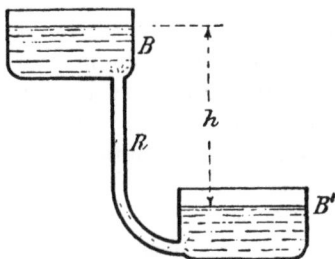

Fig. 3.

10. Stromstärke. Die Stromstärke entspricht der die Rohrleitung R (Fig. 3) in der Zeiteinheit durchströmenden Wassermenge. Die Einheit der Stromstärke ist das **Ampere**.

$1/2$ Ampere ist z. B. zum Betrieb einer 16 kerzigen Glühlampe bei der meist gebräuchlichen Spannung von rund 110 Volt erforderlich; der Kohlenbügel der Lampe wird durch den ihn durchfließenden Strom von $1/2$ Ampere zum Glühen gebracht.

11. Leitungswiderstand. Ähnlich wie bei unveränderlichem Wasserdruck der Wasserfluß um so schwächer ist, je enger die Rohre sind und je größer die Reibung in denselben ist, d. h. je größer der durch beides bedingte Widerstand in der Rohrleitung ist, ebenso setzen die Metalldrähte der elektrischen Strömung Widerstand entgegen. Derselbe ist um so größer, je kleiner der

Drahtquerschnitt und je länger der Draht ist. Aufserdem ist
der Widerstand von dem Drahtmaterial abhängig, indem
er z. B. bei Kupfer unter sonst gleichen Verhältnissen
sechsmal geringer ist als bei Eisen. Die Einheit des
Widerstandes ist das Ohm.

12. Spannung. Die Spannung ist zu vergleichen mit
dem Gefälle oder dem Druckunterschiede h zwischen dem
oberen und unteren Wasserspiegel (Fig. 3). Die Einheit
der Spannung ist das Volt.

Wenig mehr als 1 Volt Spannung besitzen die für den
Betrieb elektrischer Klingeleinrichtungen verwendeten galvanischen Elemente; für Beleuchtungsbetriebe kommen
meist rund 110 Volt in Anwendung.

Die Spannungen an den stromerzeugenden Maschinen
und an den Stromverbrauchsstellen sind infolge des der
elektrischen Strömung sich entgegensetzenden Widerstandes
der Leitungen verschieden. Der Unterschied zwischen den
Spannungen an der Maschine und der Verbrauchsstelle entspricht dem Spannungsverlust in den Leitungen; er ist um
so gröfser, je gröfser der Widerstand der Leitungen
und je gröfser die Stromstärke ist. Da die Spannung an
den Lampenanschlufsstellen behufs Erzielung eines gleichmäfsigen Lichtes möglichst unveränderlich sein mufs, so
darf der Spannungsverlust in den Stromverteilungsnetzen
nur gering sein; in den an Strafsenkabelnetze angeschlossenen
Leitungen im Innern der Häuser soll der Spannungsverlust
daher nicht über 1,5 % der Leitungsspannung betragen,
bei der üblichen Leitungsspannung von 110 Volt sonach
nicht über rund 1,5 Volt.

13. Elektrische Leistung. Die elektrische Leistung
ergiebt sich im allgemeinen aus dem Produkt von Stromstärke und Spannung; für das Produkt 1 Ampere mal
1 Volt ist die Bezeichnung »Watt« eingeführt und der
für den praktischen Gebrauch zweckmäfsigere 100 bezw.
1000 fache Wert, nämlich für 100 Watt die Bezeichnung

»Hektowatt« und für 1000 Watt die Bezeichnung »Kilowatt«. Das obige Beispiel der Wasserbewegung zum Vergleich heranziehend, ergiebt sich die mechanische Leistung eines Wasserlaufs aus dem Produkt der die Rohrleitung in der Zeiteinheit durchströmenden Wassermenge (vgl. 10) mal dem Gefälle (vgl. 12).

Die 16 kerzige Glühlampe verbraucht bei 110 Volt Spannung rund 0,5 Ampere, sonach eine elektrische Leistung von 110 × 0,5 = rund 50 Watt oder 0,5 Hektowatt.

14. Elektrische Arbeit. Die elektrische Arbeit wird berechnet durch Multiplikation der Leistung in Watt mit der Zeitdauer der Leistung. Die praktische Einheit ist die **Wattstunde** oder der 100 fache Wert die **Hektowattstunde** bezw. der 1000 fache Wert die **Kilowattstunde**.

Die 16 kerzige Glühlampe verbraucht in der Stunde rund 50 Watt × 1 Stunde = 50 Wattstunden.

15. Elektrizitätsmenge. Die praktische Einheit der Elektrizitätsmenge ist die **Amperestunde**, das ist diejenige Elektrizitätsmenge, welche sich ergiebt, wenn 1 Ampere während der Dauer einer Stunde fließt.

Wird z. B. eine Glühlampe, welche 0,5 Ampere verbraucht, eine Stunde lang gebrannt, so beträgt der Stromverbrauch 0,5 Ampere × 1 Stunde = 0,5 Amperestunden.

Ist die Spannung einer Gleichstromanlage unveränderlich, so ist die Elektrizitätsmenge dem Arbeitsverbrauch proportional; bei Entnahme elektrischer Arbeit genügt in diesem Falle ein Zählen der Amperestunden.

16. Anforderungen an die Herstellung der Stromleitungen. Von einer Stromleitung wird im wesentlichen verlangt, daß sie gut leitet und gut isoliert ist. Das erstere bezweckt die Vermeidung übermäßig großer Arbeitsverluste in den Leitungen und wird erreicht durch Herstellung der Stromleitungen aus gut leitenden und genügend dicken Kupferdrähten. Die Isolation der Leitungen ist notwendig, damit der Strom seinen Weg durch die Leitungen nimmt.

und Stromentweichungen in andere mehr oder weniger gut
leitende Körper, z. B. feuchte Mauern, Gas-, Wasserrohre
u. s. w., vermieden werden. Zur Leitungsisolation dienen
isolierende Umhüllungen der Drähte und die Befestigung
der Leitungen auf isolierenden Unterlagen, z. B. auf Isolier-
glocken, Porzellanrollen u. s. w.

17. Isolationsprüfung. Die Isolationsprüfung besteht
im allgemeinen in der Messung des aus der Leitung in
die Erde, in feuchte Mauern, in an der Leitung anliegende
Metallgegenstände u. s. w. entweichenden Stromes. Da der
hierbei im Meſsapparat auftretende Strom in geradém Verhältnis zum Widerstand zwischen der Stromentweichungs-
stelle und Erde steht, so kann der Meſsapparat statt zur
Ablesung der Strom-
stärken zur unmittel-
baren Angabe des
Isolationswider-
standes eingerichtet
werden. Das Ver-
fahren bei der Iso-
lationsprüfung ist
durch Fig. 4 darge-
stellt. Die zur Mes-
sung benutzte Strom-
quelle wird einerseits

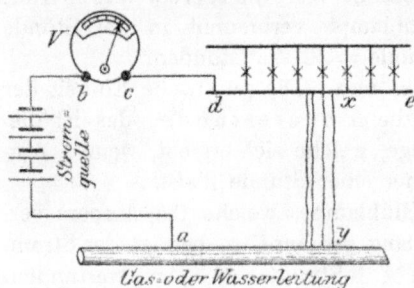

Fig. 4.

an Erde gelegt, z. B. bei *a* mit einer benachbarten Gas- oder
Wasserleitung verbunden, und anderseits an die Klemme *b* des
Meſsapparats *V* angeschlossen. Wird dann noch von der
anderen Klemme *c* des Meſsapparates aus eine Leitung
nach dem der Isolationsprüfung zu unterziehenden Leitungs-
draht *d* gezogen, so ist der Stromkreis *a b c d* durch die
den Isolationsfehler verursachende Erdschluſsstrecke *x y*
geschlossen und die auftretende Stromstärke durch deren
Widerstand bedingt. Ein solcher Erdschluſs entsteht z. B.,
wenn die Lichtleitung *d e* an einer feuchten Mauer anliegt;

durch die Isolationsmessung wird dann der durch die
feuchte Mauer vermittelte Übergangswiderstand zwischen
der Leitung *d e* und der Gas- oder Wasserleitung festgestellt.

**18. Stromrichtung und Polbe-
zeichnung.** Verbindet man in einem
galvanischen Element, hergestellt z. B.
durch Eintauchen einer Kupfer- und
einer Zinkplatte in verdünnte Schwefelsäure (Fig. 5), den Kupferpol (positiv =
+) mit dem Zinkpol (negativ = —) durch
einen Drahtbügel, so wird derselbe in der
Richtung des in Fig. 5 angegebenen Pfeils
vom Strom durchflossen. Die Stromrich-

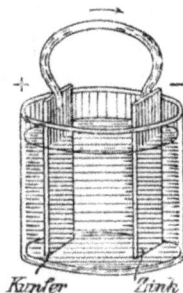

Fig. 5.

tung in einem Draht kann durch dessen Wirkung auf
eine Magnetnadel festgestellt werden, indem, wie in Fig. 6

Fig. 6.

angedeutet, der Nordpol einer unter
die Leitung gehaltenen Magnetnadel
nach links abgelenkt wird, wenn sich
der Beobachter in der Stromrichtung
schwimmend denkt. Nordpol wird der
sich gegen die nördliche Himmels-
richtung einstellende Pol der Magnetnadel genannt, wenn dieselbe frei
schwingt, d. h. von nahe liegendem
Eisen oder durch Stromwirkung nicht
beeinflußt wird.

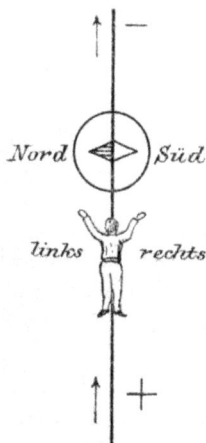

An Stromerzeugern wird derjenige
Pol als positiv (+) bezeichnet, von
welchem der Strom ausgehend den
äußeren Stromkreis durchfließt; der
entgegengesetzte Pol ist der negative (—).

An den für die Aufnahme des elektrischen Stromes
bestimmten Apparaten, als Lampen und dergl. wird diejenige

Klemme mit $+$ bezeichnet, welche mit dem $+$ Pol des
Stromerzeugers bezw. der Leitung zu verbinden ist. Der
Stromeintritt in den Apparat erfolgt demnach an der mit
$+$ bezeichneten Klemme.

In Wechselstrom- und Drehstromanlagen fehlen wegen
des dort vorhandenen fortwährenden Wechsels der Stromrichtung die Klemmenbezeichnungen. Dagegen sind unter
Umständen die bei Parallelschaltung miteinander zu ver-
bindenden gleichphasigen Klemmen mit gleichen Buch-
staben bezeichnet.

19. Gleichstrom. Der Strom fliefst in stets gleicher
Richtung und bei gleichbleibendem Widerstand des Strom-
kreises in gleicher Stärke, läfst sich sonach durch eine
Gerade $a\,b$ (Fig. 7) darstellen.

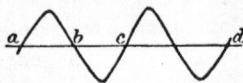

Fig. 7.   Fig. 8.

20. Wechselstrom. Der Strom wechselt in kurzen
Zeiträumen, bei den in Deutschland gebauten Maschinen
meist 100 mal in der Sekunde, seine Richtung und Stärke,
wie dies in Fig. 8 durch die den Stromverlauf darstellende
Wellenlinie gezeigt wird. Denkt man sich in Fig. 8 ober-
halb der geraden Linie die positive und unterhalb die
negative Stromrichtung, so ergiebt sich aus der Wellenlinie
$a\,b\,c\,d$, dafs der Strom von dem Nullwert bei a anfangend
zu einem positiven Höchstwert ansteigt und dann abfallend
bei b den Nullwert wieder erreicht; von da ab beginnt
das gleiche Spiel auf der negativen Seite zwischen b und c.
Die sich fortgesetzt, bei den obenbezeichneten Maschinen
ungefähr 50 mal in der Sekunde, wiederholende Welle $a\,c$
nennt man eine Periode.

21. Drehstrom. Am gebräuchlichsten sind hier drei
in ihrer zeitlichen Folge gegeneinander verschoben, in

drei Leitungen verlaufende Wechselströme. Wie in Fig. 9
dargestellt ist, geht zuerst der Strom I in a' von der —
Richtung durch 0 in die $+$ Richtung
über, dann der Strom II und noch
später der Strom III.

**22. Gleichstrom- und Wechsel-
stromschaltungen.**

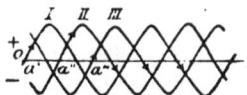

Fig. 9.

a) Hintereinanderschaltung:
Die Lampen oder anderweitigen Apparate bilden, wie Fig. 10
zeigt, eine ununterbrochene Reihe, die Enden der Reihe sind
an die Maschinenklemmen a und b angeschlossen. Die
hintereinander geschalteten Apparate werden von gleich
starkem Strom durchflossen.

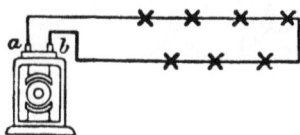

Fig. 10.

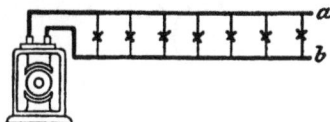

Fig. 11.

b) Parallelschaltung: Die Klemmen sämtlicher
Apparate sind an die gemeinschaftlichen Hauptleitungen
a b angeschlossen (Fig. 11), so daß sich der in den Hauptleitungen verlaufende Strom in den Apparaten verteilt.

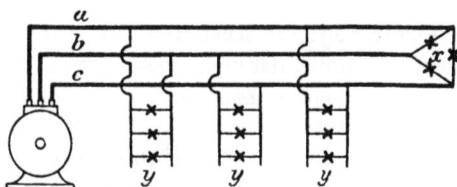

Fig. 12.

Die Stromverteilung auf die Apparate erfolgt im umgekehrten Verhältnis zu deren Widerstand; es wird z. B. eine
32 kerzige Glühlampe von doppelt so starkem Strom

2*

durchflossen wie eine 16 kerzige Lampe, da der Widerstand
der ersteren nur halb so grofs ist wie derjenige der letzteren.

23. Drehstromschaltungen.

a) Dreieckschaltung: Die Apparate x (Fig. 12) oder
parallelgeschaltete Gruppen von Apparaten y werden mit
den Hauptleitungen $a\ b\ c$ derart verbunden, dafs die Strombelastung der drei Hauptleitungen ungefähr gleich gross ist.

b) Sternschaltung: Die Apparate (Fig. 13) werden
nur mit einer Klemme an eine der drei Hauptleitungen
$a\ b$ oder c angeschlossen; die entgegengesetzten Klemmen

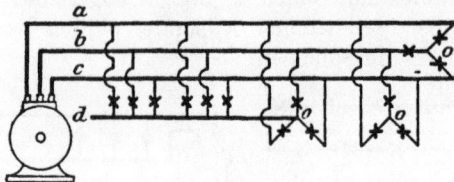

Fig. 13.

von je drei Apparaten werden in einem neutralen Punkt 0
vereinigt oder es wird der neutrale Punkt zu einem Aus-
gleichleiter d erweitert, welch' letzterer bis zum neutralen
Punkt der Maschine geführt werden kann.

Elektrische Maschine.

24. Stromerzeugende Maschine. Die Stromerzeugung
in der Maschine erfolgt dadurch, dafs durch die auf die
Maschinenwelle ausgeübte mechanische Kraft die auf dem
sich drehenden Anker befindlichen Drahtspulen an den
Polen kräftiger Magnete vorübergeführt, oder umgekehrt,
die mit der Maschinenwelle verbundenen Magnete innerhalb des feststehenden Ankers gedreht werden. Der Vorgang hierbei wird derart gedacht, dafs die von den Mag-
neten ausgehenden Kraftlinien den Anker und dessen
Spulenwickelung durchdringen und durch die mit der Drehung

der Maschinenwelle verbundene Verschiebung der magne-
tischen Kraftlinien in den Spulen der elektrische Strom
erzeugt wird.

a) Gleichstrommaschine. In der durch Fig. 14
dargestellten Maschine sind die Magnetschenkel M mit dem
Maschinengestell fest verbun-
den, während sich der Anker
zwischen den Polschuhen S
und N der vorbezeichneten
Magnete dreht. Der im Anker
erzeugte Strom wird mit Hilfe des
Kommutators c und der auf demselben schleifenden Bürsten b
abgenommen und dem äußeren
Stromkreis, den Lampen, Motoren u. s. w., zugeführt. Die
magnetische Erregung der
Schenkel erfolgt durch die deren
Eisenkerne umgebenden Drahtspulen, welche von in der Maschine erzeugtem Strom durchflossen werden.

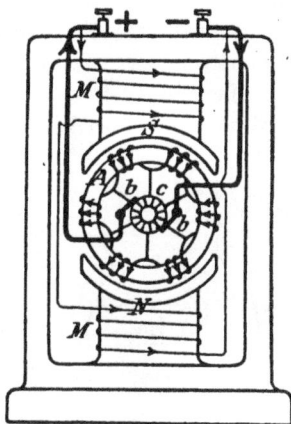

Fig. 14.

b) Wechselstrommaschine. Bei der Wechselstrommaschine ist es im Gegensatz zur Gleichstrommaschine ge-
bräuchlicher, daß die Magnete mit der Maschinenwelle
verbunden sind, wie dies in Fig. 15 schematisch angedeutet
ist. Den hier mit der Maschinenwelle sich drehenden Mag-
neten M wird mit Hilfe der Schleifringe r Gleichstrom von
einer anderweitigen Stromquelle aus zugeführt; die Strom-
schaltung ist derart gewählt, daß die aufeinander folgenden
Magnetschenkel entgegengesetztes Polzeichen besitzen. Durch
die Drehung der Magnete entsteht in den Drahtspulen
des Ankers A elektrische Spannung und zwar bei der Bewegung der Polschuhe gegen die Ankerspulen in der einen
und bei der Bewegung von den Ankerspulen weg in der

anderen Richtung, wie dies in Fig. 8 durch die den Stromverlauf darstellende Wellenlinie gezeigt ist. Der in den
Ankerspulen entstehende Strom wird den Maschinenklemmen
k und von diesen aus dem äußeren Stromkreis zugeführt.

Bei der Wechselstrommaschine, ebenso wie bei der in
folgendem beschriebenen Drehstrommaschine, kann der für
die Magnetisierung der Schenkel M Fig. 15 erforderliche
Gleichstrom, der sog. Erregerstrom, nicht unmittelbar von
den Maschinenklemmen abgenommen werden. In der Regel
wird daher mit der Welle der Wechselstrommaschine, bzw.
Drehstrommaschine, eine be-
sondere Erregermaschine
(eine Gleichstrommaschine)
gekuppelt, die den für die
Schenkelerregung erforderlichen Strom liefert.

c) Drehstrommaschine.
Bei der Drehstrommaschine
werden ebenso wie bei der
Wechselstrommaschine die
durch Gleichstrom erregten
Magnete an den feststehenden Ankerspulen vorüber-

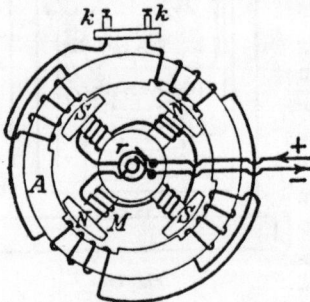

Fig. 15.

geführt; der Unterschied gegenüber der Wechselstrommaschine besteht in der eigenartigen Schaltung der
Spulen, wodurch die von den drei Maschinenklemmen aus-
gehende Aufeinanderfolge der durch Fig. 9 dargestellten
drei Wechselströme erreicht wird.

25. Elektromotor. Im Gegensatz zur stromerzeugenden Maschine wird in den Elektromotor elektrischer
Strom eingeleitet, wobei die von der Welle des Motors
ausgeübte mechanische Kraftäußerung durch die gegenseitige Wirkung der in dem feststehenden und beweglichen Teil der Maschine verlaufenden Ströme hervorgerufen wird.

Der bei der Umsetzung elektrischer in mechanische
Leistung im Elektromotor entstehende Verlust beträgt je
nach der Gröfse des Motors 10—30%. Der hiernach sich
ergebende annähernde Stromverbrauch verschieden starker
Motoren und die Kosten der Betriebsstunde bei verschiedenen Strompreisen sind in der nachstehenden Tabelle
angegeben:

Leistung des Motors Pferde- stärken	Verbrauch Hektowatt	Kosten der Betriebsstunde bei einem Preis für die Hektowattstunde von:			
		1 Pf.	1,5 Pf.	2 Pf.	2,5 Pf.
		Pfennige			
$\frac{1}{8}$	1,6	1,6	2,4	3,2	4
$\frac{1}{4}$	2,9	2,9	4,3	5,8	7,2
$\frac{1}{2}$	5,3	5	8	11	13
1	9,8	10	15	20	25
1 $\frac{1}{2}$	15	15	23	30	38
2	19	19	29	38	48
3	28	28	42	56	70
4	35	35	53	70	88
6	52	52	78	104	130
8	66	66	99	132	165
10	82	82	123	164	205

Vergleicht man die stündlichen Betriebskosten eines
Elektromotors bei dem für den Strombezug aus einem
Elektricitätswerk in der Regel in Frage kommenden Preis
der Hektowattstunde von 2—2,5 Pf. mit den Betriebskosten der meisten anderen Kraftmaschinen, z. B. mit den-
jenigen der Gasmotoren unter Zugrundelegung der in
Städten üblichen Gaspreise, so ergiebt sich unter der An-
nahme, dafs beide unter normaler Leistung gleich lang im
Betrieb bleiben, ein für den Elektromotor ungünstiges
Verhältnis. Anders verhält es sich, wenn, wie es häufig
der Fall ist, Betriebe mit grofsen Belastungsschwankungen
oder Betriebe in Frage kommen, bei welchen die Kraftabgabe

nur zeitweise eintritt; hier macht sich dann die Eigenschaft des Elektromotors geltend, daß sein Stromverbrauch der Kraftabgabe annähernd proportional ist, auch
das An- und Abstellen des Motors mit wenig Mühe geschehen
kann und durch letzteres eine Stromentnahme zeitweise
ganz vermieden wird. Der Gasmotor dagegen, sowie jede
andere Kraftmaschine, kann den Schwankungen in der
Kraftentnahme in so weitgehendem Maße nicht angepaßt
werden, so daß in dem letztbezeichneten Falle die Verwendung eines Elektromotors trotz des verhältnismäßig
hohen Strompreises meist wirtschaftlicher ist, abgesehen
von der bei Anwendung eines Elektromotors noch eintretenden Platzersparnis und den verschwindend niedrigen
Bedienungskosten.

Die Eigenschaft des Elektromotors, sich dem Kraftbedarf in der vorbezeichneten Weise anzupassen, läßt es
zweckmäßig erscheinen, beim Betrieb einer größeren Zahl
von Arbeitsmaschinen für jede einen gesonderten Motor
anzuwenden (Einzelantrieb) oder kleinere Gruppen von
Arbeitsmaschinen zu bilden, welche durch je einen Motor
mittels einer Transmission angetrieben werden (Gruppenantrieb); auf alle Fälle ist jedoch die Anwendung ausgedehnter, grofse Arbeitsverluste verursachender Transmissionen zu vermeiden. Die Frage, ob besser Einzel-
oder Gruppenantrieb in Anwendung kommt, ist unter Zugrundelegung der jeweiligen Verhältnisse zu erörtern und
kann daher im nachstehenden nur im allgemeinen be-
sprochen werden.

Einzelantrieb bietet den Vorteil, daß jede Maschine
für sich an- und abgestellt werden kann; durch das Fehlen
von Transmissionen werden die Anlagen einfacher und
übersichtlicher, den Arbeitsplätzen wird durch sonst not-
wendige Riemen kein Licht entzogen, infolge des Fort-
fallens schwerer Transmissionen kann das Gebäude unter
Umständen leichter und billiger hergestellt werden. Der

Einzelantrieb kommt besonders zur Geltung bei in längeren
Zwischenräumen auftretendem, kurz dauerndem Kraftbedarf, wenn die Arbeitsmaschinen sehr schnell laufen,
etwa ebenso schnell wie die Motoren, die Arbeitsmaschinen
vereinzelt stehen oder transportabel sind. Wird ein besonders gleichmäfsiger Betrieb der Arbeitsmaschinen verlangt, so verdient der Einzelantrieb jedenfalls den Vorzug.

Der Gruppenantrieb stellt sich in der Herstellung infolge der kleineren Anzahl von Motoren im allgemeinen
billiger als der Einzelantrieb. Auch die Betriebskosten bei
Gruppenantrieb können trotz der hier im Vergleich zum
Einzelantrieb hinzukommenden Leerlaufsarbeit der Transmissionen infolge des höheren Wirkungsgrades grofser
Motoren niedriger sein, wenn die Motoren dem durchschnittlichen Kraftbedarf sich anpassen lassen; inwieweit
die von dem Wirkungsgrad der Motoren abhängigen Betriebskosten für die Pferdestärkestunde mit der Gröfse der
Motoren abnehmen, zeigt die vorstehende Tabelle. Gruppenantrieb verdient im allgemeinen den Vorzug, wenn die
Arbeitsmaschinen dauernd laufen, grofsen Belastungsschwankungen unterworfen sind oder in kurzen Zwischenräumen an- und abgestellt werden.

a) Gleichstrommotor. Je nach den an den Motor
gestellten Anforderungen kommen verschiedenartige Magnet-
schaltungen in Anwendung, von denen die gebräuchlichsten
im nachstehenden angegeben sind:

In Fig. 16 ist ein Hauptstrommotor dargestellt; W bezeichnet den in die Stromzuleitung eingeschalteten Anlasser
oder den in besonderen Fällen statt desselben in Anwendung kommenden Regulierwiderstand, S stellt den
Stromzeiger und Z einen zweipoligen Schalter dar. Dieser
Motor, bei welchem die Magnete M und der Anker A
hintereinander geschaltet sind und demzufolge von gleich
starkem Strom durchflossen werden, besitzt in höherem
Grade, als der Motor mit der nachstehend beschriebenen

Nebenschlufsschaltung, die Eigenschaft, unter voller Belastung anzugehen, unterliegt aber bei wechselnder Belastung grofsen Schwankungen in der mit steigender Belastung abnehmenden Umdrehungszahl, es sei denn, dafs

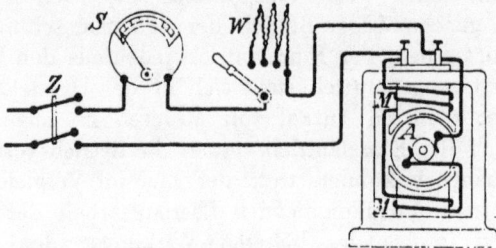

Fig. 16.

ein bei eintretenden Belastungsschwankungen zu bedienen-
der Regulierwiderstand in Anwendung kommt. Der Hauptstrommotor wird hauptsächlich angewendet, wenn ein Anlaufen unter grofser Zugkraft, wie z. B. beim Betrieb von
Strafsenbahnen und Krähnen, verlangt wird.

Beim Nebenschlufsmotor (Fig. 17) ist die aus dünnem
Draht bestehende Wickelung der Magnete M gesondert von

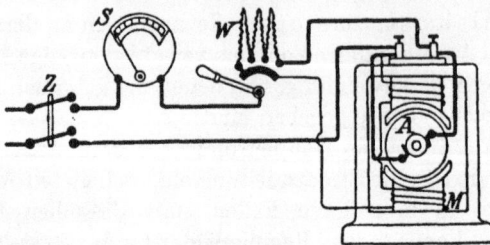

Fig. 17.

den Hauptleitungen abgezweigt; die bei wechselnder Belastung der Maschine im Anker A auftretenden Strom-
schwankungen werden daher im Gegensatz zu dem erst
beschriebenen Hauptstrommotor auf die Magneterregung

nicht übertragen. Der Nebenschlußmotor besitzt die für viele Zwecke schätzenswerte Eigenschaft, daß er, gleich-bleibende Spannung im Leitungsnetz vorausgesetzt, auch bei wechselnder Belastung eine nahezu unveränderte Um-drehungszahl behält. Ein Nachteil dieses Motors gegenüber dem Hauptstrommotor besteht darin, daß er zum Anlaufen mehr Strom braucht und daher auch größere Strom-schwankungen im Leitungsnetz verursacht. Der Neben-schlußmotor findet die allgemeinste Anwendung, nament-lich ist derselbe im Anschluß an die Leitungsnetze von Elektrizitätswerken fast ausnahmslos im Gebrauch.

Zum Zweck des Ingangsetzens eines Motors wird der Stromkreis durch den Schalter Z geschlossen und die Kurbel des Anlassers W dann allmählich in die Endstellung verschoben, so daß, wenn der Motor die volle Umdrehungs-zahl erreicht hat, die Anlaßkurbel in der Endstellung steht. Beim Abstellen des Motors wird die Anlaßkurbel in der entgegengesetzten Richtung zurückgeschoben, ohne daß man abwartet bis der Motor infolge der mittels des An-lassers bewirkten Widerstandseinschaltung seine Umdrehungs-zahl vermindert.

Die Umdrehungszahl von Nebenschlußmotoren kann durch Verstellen eines die Schenkelerregung beeinflussenden Regulierwiderstandes geändert werden.

b) Wechselstrom- und Drehstrommotor. Bei Wechselstrom in der Regel und bei Drehstrom ausschließ-lich kommen Induktionsmotoren in Anwendung; der um-laufende Teil derselben, der Anker, besitzt entweder in sich geschlossene Windungen oder die Windungen endigen in Schleifringen, deren Bürsten mit einem Anlasser W (Fig. 18) verbunden werden; der Anker besitzt sonach keine leitende Verbindung mit den Stromzuführungen $a\,b$, die Stromaufnahme desselben erfolgt vielmehr durch Trans-formatorwirkung (vgl. 36).

In Fig. 18 ist ein an die Hauptleitungen *a b* ange-
schlossener Wechselstrommotor dargestellt. Es bezeichnet
in der Figur *s* die Sicherungen, *Z* den Hauptschalter, *r* die
Schleifringe des Motors, *W* den Anlasser, *H* die Zuleitung
für eine zum Ingangsetzen des Motors erforderliche Hilfswickelung mit zugehöriger Induktionsspule *J* und einem
Schalter *x*. Ehe der Hauptschalter zum Zwecke des Ingangsetzens des Motors geschlossen wird, müssen an dem

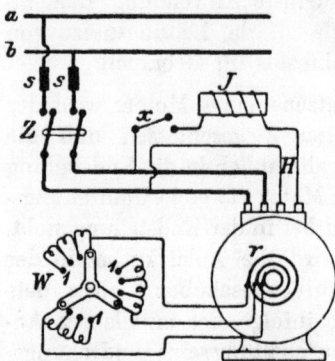

Anlasser *W* alle Widerstände
eingeschaltet, d. h. die drei-
teilige Schaltkurbel auf die
Kontakte 1 eingestellt, und
der Schalter *x* für die Hilfswickelung *H* geschlossen werden. Während der Motor seine
Umdrehungszahl gewinnt, wird
die Schaltkurbel des Anlassers
W allmählich in die in der
Figur dargestellte Endstellung
verschoben und dadurch der
Anker kurz geschlossen; ist
dies geschehen, so wird die

Fig. 18.

Hilfswickelung mit Hilfe des Schalters *x* ausgeschaltet
und bleibt während der ganzen Betriebsdauer des Motors
geöffnet. Ausgeschaltet wird der Motor durch Öffnen des
Hauptschalters *Z*. Die Wechselstrommotoren besitzen eine
nur geringe Anlaufzugkraft; um das demzufolge erforderliche Anlassen im Leerlauf zu ermöglichen, werden die
Motoren mit Los- und Leerscheibe oder anderweitigen
Kuppelungsvorrichtungen versehen.

Fig. 19 stellt einen Drehstrommotor dar, dessen Anker
mit Schleifringen zum Zwecke des Anschlusses an den
Anlasser *W* versehen ist. Bei manchen Maschinen ist der
Anlasser in den sich drehenden Anker eingebaut und wird
mittels einer an der Maschinenwelle angebrachten Kuppelung

ein- und ausgeschaltet. Beim Anlassen des Motors mufs, wie oben für den Wechselstrommotor angegeben, vor dem Schliessen des Haupt-schalters Z die Schaltkurbel des Anlassers W in die in der Figur gezeigte End-stellung gebracht sein; während des Anlaufens wird die Kurbel dann allmählich in die entgegengesetzte End-stellung nach rechts ver-schoben. Ausgeschaltet wird der Motor durch Öff-nen des Hauptschalters Z.

Die Leitungs- und Apparatanordnung für einen Drehstrommotor mit

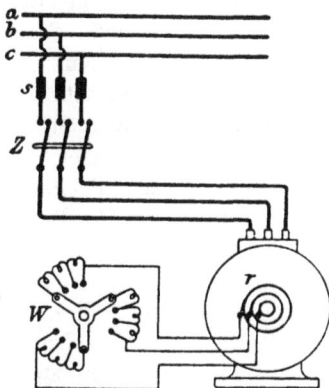

Fig. 19.

in sich geschlossenem Anker, Kurzschlufsanker, ist durch Fig. 20 dargestellt. Hier wird behufs Verminderung des beim Einschalten auftretenden Stromstofses in die Stromzu-leitungen häufig ein Anlas-ser W eingeschaltet. Für das Anlassen und das Abstellen des Motors gelten die oben schon gegebenen Regeln.

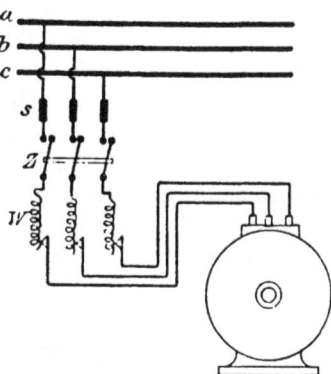

Fig. 20.

26. Unterhaltung der elektrischen Maschine. Die Unterhaltung der elek-trischen Maschine erstreckt sich im wesentlichen auf die Reinhaltung sämtlicher Teile der Maschine, auf eine sorgfältige Behandlung der Bürsten und des Kommutators bezw. der Schleifringe, endlich auf das Ölen der Lager.

a) Reinigung. Abgesehen von dem zu verlangenden
äußerlichen Reinhalten der Maschine ist besonderes Gewicht darauf zu legen, daß der an den bewegten Maschinen-
teilen sich festsetzende Staub, der meist mit von den
Bürsten herrührenden Kupferteilchen untermengt ist, rechtzeitig beseitigt wird, da andernfalls die Maschine be-
schädigende Stromübergänge entstehen können. Zum Ab-
stauben schwer zu erreichender Teile bedient man sich
eines Staubpinsels und eines Blasebalges.

b) Bürsten. Die Bürsten müssen mit genügender
Kontaktfläche leicht federnd gegen den Kommutator bezw.
die Schleifringe drücken. Bei zu starkem Andrücken tritt
ein großer Verschleiß des Kommutators ein und erwärmen
sich die Bürsten übermäßig, zu leichtes Anstellen führt zu
Funkenbildung. Die Bürsten müssen so eingestellt sein,
daß entweder gar keine oder nur geringe Funken am
Kommutator auftreten. Beim Neueinsetzen von Bürsten
ist besonders darauf zu achten, daß die den Kontakt ver-
mittelnde vordere Fläche derselben nicht beschädigt wird.
Vor dem Einsetzen der Bürsten sind die Bürstenhalter gut
zu reinigen. Die Bürsten müssen gleich weit aus den
Haltern vorstehen, ferner müssen die Bürstenabstände auf
dem Kommutatorumfang gleich groß sein; letzteres wird
durch Abzählen der zwischen den Bürsten liegenden Kom-
mutatorteile geprüft. Zur Reinigung sind die Bürsten zeitweise aus den Haltern herauszunehmen, durch Ausklopfen
von dem zwischen den Drahtlagen sich ansammelnden
Kupferstaub zu befreien und, falls sich in denselben Öl
festgesetzt hat, mit Benzin auszuwaschen.

c) Kommutator bezw. Schleifringe sind stets
rein zu halten. Hierzu bedient man sich eines abgeflachten
Holzes, mit welchem man, wenn die Kontaktflächen des
Kommutators bezw. die Schleifringe ölig geworden sind, einen
trockenen Leinenlappen oder zur gründlicheren Reinigung
feinkörniges Schmirgelleinen oder Glaspapier gegen die

Kontaktflächen bei sich drehender Maschinenwelle anhält;
letzteres hat vor dem jedesmaligen Ingangsetzen der Maschine zu geschehen.

d) Ölen. Vor dem jedesmaligen Inbetriebsetzen einer
Maschine ist der Zustand der Lagerschmierung zu prüfen
und sind die Ölgefäße erforderlichenfalls nachzufüllen. Bei
der für elektrische Maschinen vielfach verwendeten Ring-
schmierung genügt es in der Regel, die Ölbehälter all-
wöchentlich bis zu der die Höhe des Ölstandes angebenden
Marke nachzufüllen, ferner monatlich einmal die Ölbehälter
zu reinigen und mit neuem Öl zu versehen.

Sind die Lager durch längeres Stillstehen der Maschine
oder durch deren Transport verschmutzt, so wird die
Reinigung durch wiederholtes Aufgießen von Petroleum
bewirkt.

Wegen der zu verwendenden Ölsorte halte man sich
an die Vorschriften des Lieferanten der Maschine; im allgemeinen ist zu dickflüssiges Öl für elektrische Maschinen
nicht geeignet.

27. Abhilfe bei Betriebsstörungen. Hierzu ist im
allgemeinen sachverständige Hilfe erforderlich; nur in einzelnen Fällen, wovon die am häufigsten vorkommenden
im nachstehenden angegeben sind, kann auch der Laie
Abhilfe schaffen oder durch rechtzeitige Vorsichtsmaßs-
nahmen einer weitergehenden Beschädigung vorbeugen.

Gibt eine Maschine keinen Strom oder versagt ein
Elektromotor, indem er keinen Strom aufnimmt, so ist vor
allem nach dem Vorhandensein einer Stromunterbrechung
zu forschen. Es ist nachzusehen, ob die in Frage kommenden Schalter geschlossen sind, ob alle Schrauben-
verbindungen fest sind, erforderlichenfalls müssen die
Schrauben nachgezogen werden, endlich ob etwa ein Drahtbruch stattgefunden hat. Die Enden abgebrochener Drähte
werden auf 3—5 cm Länge von Isolation befreit und blank
gemacht, dann nebeneinander gelegt und mit etwa 1 mm

dickem blankem Kupferdraht umwickelt; diese Verbindung kann nur im Notfall während kurzer Zeit ungelötet bleiben, es muſs daher für baldigste fachgemäſse Herstellung der Verbindung gesorgt werden.

Wenn eine Gleichstrommaschine längere Zeit nicht im Betrieb ist, so kommt es vor, daſs die zwischen den Metall-lamellen des Kommutators liegenden Isolationen infolge der Aufnahme von Feuchtigkeit sich über die Kontaktflächen vorschieben und dadurch eine Berührung der Bürsten mit den Metallteilen des Kommutators verhindern. Die vor-stehenden Isolationen werden mit einer feinkörnigen Feile entfernt, indem man den Anker dreht und die Feile, ent-gegen dem Drehsinn, gegen den Kommutator anhält.

Starke Funkenbildung am Kommutator kann von Über-lastung der Maschine oder von fehlerhafter Bürsten ein-stellung (vgl. 26 b) herrühren. An der Ankerwickelung auftretende Funken haben häufig ihren Grund in durch Kupferstaub verursachten Isolationsfehlern, die durch gründ-liches Reinigen der Maschine sich beseitigen lassen. Bleiben die versuchten Gegenmaſsnahmen ohne Erfolg, so ist baldige Abhilfe durch einen Sachverständigen zu veranlassen.

Wird Brandgeruch an der Maschine wahrgenommen, so ist eine umgehende Auſserbetriebnahme der Maschine behufs Instandsetzung erforderlich.

Bei Wechselstrommaschinen äuſsern sich in der Wicke-lung vorhandene Fehler unter Umständen durch brummendes, von dem Kurzschluſs einer Wickelungsabteilung herrührendes Geräusch und bei Drehstrommotoren auch noch durch Verschiedenheit der drei Spannungen.

Akkumulatoren.

28. Allgemeines. Die nur in Gleichstrombetrieben anwendbaren Akkumulatoren dienen zur Aufspeicherung elektrischer Arbeit. Durch den Ladestrom wird in der

Akkumulatorzelle eine chemische Umwandlung hervorgerufen; beim Entladen erzeugt der umgekehrte chemische Vorgang elektrischen Strom. Die Eigenschaft der Akkumulatoren, elektrischen Strom aufzuspeichern, wird benutzt, um Unregelmäfsigkeiten in der Stromentnahme und der damit zusammenhängenden Belastung der Maschinen auszugleichen. Bei geringem Stromverbrauch im Leitungsnetz kann der an den Maschinen vorhandene Kraftüberschufs zum Laden der Akkumulatoren verwendet werden, während umgekehrt bei steigender Stromentnahme die Akkumulatoren die Stromabgabe aus den Maschinen ergänzen. Da die Akkumulatoren auch plötzliche Schwankungen in der Stromentnahme ausgleichen, so wird durch deren Verwendung die Einhaltung gleichbleibender Spannung und dadurch das ruhige Brennen der Lampen begünstigt. Die Betriebssicherheit elektrischer Anlagen wird durch Anwendung richtig bemessener Akkumulatoren-Batterien wesentlich erhöht, indem beim Schadhaftwerden von Maschinen die Stromentnahme auf kürzere Zeit aus den Akkumulatoren allein erfolgen kann. Ferner wird ein sparsamerer Betrieb dadurch ermöglicht, dafs zur Zeit geringer Stromentnahme, z. B. während der späteren Nachtstunden, der dann kostspielige Maschinenbetrieb eingestellt und die Stromlieferung durch die Akkumulatoren allein besorgt wird.

Erfordernis für die erfolgreiche Anwendung von Akkumulatoren ist peinliche und gewissenhafte Wartung derselben unter strenger Einhaltung der von den Akkumulatorenfabriken gegebenen Vorschriften. Da diese Vorschriften leicht zu befolgen sind und bei deren Einhaltung genügende Garantien für die Haltbarkeit der Akkumulatoren von den Fabriken gegeben werden, so können Akkumulatoren auch in kleinen Stromerzeugungsanlagen mit Vorteil angewendet werden.

In Fig. 21 ist eine Akkumulatorzelle dargestellt. Die mit E bezeichneten Elektroden sind derart einander gegenüber

angeordnet, dafs eine positive (+) Platte zwischen je
zwei negativen (—) Platten liegt. Die Polzeichen sind an
der Farbe der Platten zu erkennen; die positiven Platten
sind braun, die negativen grau. Die gleiches Polzeichen
besitzenden Platten werden leitend miteinander verbunden,
der Abstand der Platten ist durch nichtleitende Zwischen-
lagen, Glasrohre oder dergl. gesichert. Die Elektroden
befinden sich in einem mit ver-
dünnter Schwefelsäure gefüllten
Gefäfs.

Die Spannung einer Akkumulatorzelle beträgt je nach dem
Ladezustand 2—1,83 Volt. Die
für die meisten Verwendungs-
zwecke erforderliche höhere
Spannung wird durch Hinter-
einanderschalten (vgl. 22a) einer
entsprechenden Anzahl von
Akkumulatorzellen erreicht. Sind,
wie z. B. für Lichtanlagen, 110 Volt
Spannung erforderlich, so müssen

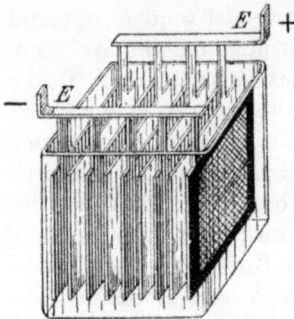

Fig. 21.

110 : 1,83 = 60 Zellen hintereinander geschaltet werden.
Diese Vereinigung von Akkumulatorzellen bildet eine
Batterie.

29. Akkumulatoren-Raum. Der Raum für die Aufstellung der Akkumulatoren ist möglichst nahe beim Maschinenraum zu wählen, damit die erforderlichen vielen
Verbindungsleitungen der Akkumulatorzellen mit dem im
Maschinenraum aufzustellenden Zellenschalter nicht zu
lang werden. Der Akkumulatorenraum soll trocken und
wenn möglich kühl sein, ferner gut zu lüften sein, damit
die gegen Ende des Ladens sich entwickelnden Gase leicht
abgeführt werden können. Die Elemente sind so aufzustellen, dafs die für eine gute Unterhaltung der Batterie
wichtige Besichtigung der Zellen möglichst erleichtert wird.

30. Zellenschalter. Da die Spannung der Akkumulatorzelle beim Laden von rund 2 auf rund 3 Volt
steigt und beim Entladen von 2 auf rund 1,8 Volt fällt,
so muſs zur Erhaltung gleichbleibender Spannung im Leitungsnetz mit der Zahl der hintereinander geschalteten
Zellen je nach deren Ladezustand gewechselt werden. Dies
geschieht mit dem in einen Lade- und einen Entlade-Apparat
sich gliedernden Zellenschalter Z Z' Fig. 22. Bei der mit

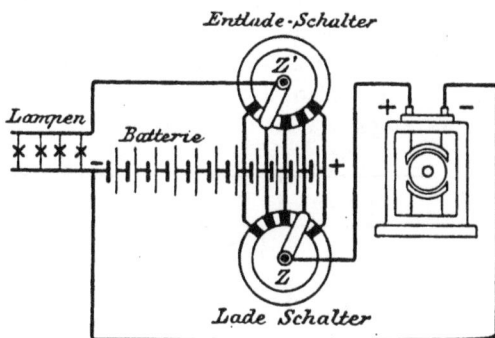

Fig. 22.

einer allmählichen Spannungsabnahme verbundenen Entladung werden behufs Gleicherhaltung der Lampenspannung
mit dem Entladeschalter nach und nach weitere Zellen
zugeschaltet, wogegen während des Ladens der Batterie
die Zahl der mit dem Leitungsnetz verbundenen Zellen
wegen des beim Laden eintretenden Ansteigens der Spannung
allmählich vermindert werden muſs. Die Endzellen der
Batterie, welche während kürzerer Zeit entladen werden,
als die übrigen Zellen, müssen während des Ladens mit
Hilfe des Ladeschalters auch früher aus dem Ladestromkreis abgeschaltet werden.

31. Laden der Akkumulatoren. Beim Laden wird
die + Klemme des Stromerzeugers mit der + Klemme
der Batterie verbunden, die — Klemme des Stromerzeugers

3*

mit der Klemme — der Batterie. Die für das Laden der
Batterie zulässige, von der Akkumulatorenfabrik angegebene
Höchststromstärke soll nie überschritten werden; gegen
Ende des Ladens, was an der beginnenden Gasentwicklung zu
erkennen ist, empfiehlt es sich, die Ladestromstärke etwas
zu vermindern. Das Ende des Ladens wird durch die
starke Gasentwickelung in den Zellen und aufserdem dadurch angezeigt, dafs die Spannung gegen Ende des Ladens
sehr rasch ansteigt, von 2,2 Volt bei Beginn des Ladens
auf 2,7 Volt bei Beendigung des Ladens. Luftdicht ver-
schlossene Akkumulator-Gefäfse müssen wegen der während
des Ladens auftretenden Gasentwickelung durch Heraus-
nehmen eines Stöpsels oder dergl. geöffnet werden.

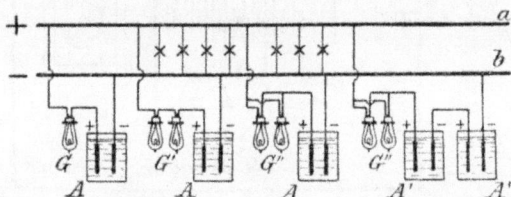

Fig. 23.

Die Gasentwickelung mufs gegen Ende des Ladens an
sämtlichen Platten gleichmäfsig auftreten; nach beendeter
Ladung hebt sich bei gutem Zustand der Batterie die dunkel-
braune Farbe der positiven Platten deutlich gegen die graue
Farbe der negativen Platten ab.

Sollen einzelne oder wenige hintereinandergeschaltete
kleine Akkumulatoren, wie sie für ärztliche Zwecke, als
Sicherheitslampen und dergl. Verwendung finden, durch
Stromentnahme aus einem Lichtleitungsnetz geladen werden,
so schaltet man in den Ladestromkreis geeignete Widerstände. Am einfachsten kommen hiefür, wie in Fig. 23 gezeigt ist, Glühlampen in Anwendung; es bezeichnen in der
Figur a und b die Lichtleitungen, A den Akkumulator und

G die als Widerstand vorgeschaltete Glühlampe. Man verwendet für die Leitungsspannung passende Glühlampen, die man so auswählt, daſs ihre Stromstärke ungefähr der für das Laden des Akkumulators erforderlichen Stromstärke entspricht. Eine 16 kerzige Glühlampe wird z. B. bei 110 Volt Leitungsspannung von 0,5 Ampere durchflossen; wird eine niedrigere Stromstärke verlangt, so verwendet man eine im Verhältnis weniger helle Lampe, oder man schaltet die Lampen G' hintereinander; zwei 16 kerzige hintereinander geschaltete Glühlampen ergeben z. B. die halbe Stromstärke einer Lampe, also 0,25 Ampere. Bei verlangter höherer Stromstärke verwendet man eine hellere Lampe, oder man schaltet die Lampen G'' parallel; bei 110 Volt Spannung geben zwei parallel geschaltete 16 kerzige Glühlampen 1 Ampere. Sind mehrere gleich groſse Akkumulatoren A' zu laden, so können dieselben hintereinander geschaltet werden; hierbei ist aber zu beachten, daſs, wenn sie nicht gleich stark entladen sind, die weniger lang entladenen Akkumulatoren auch nur kürzere Zeit im Ladestromkreis gelassen werden dürfen. Zu beachten ist, daſs das im vorstehenden angegebene Laden nur weniger Zellen durch Stromentnahme aus einem, höhere Spannung besitzenden Leitungsnetz sich verhältnismäſsig teuer stellt, weil der gröſste Teil der aus dem Leitungsnetz entnommenen elektrischen Arbeit in den vorgeschalteten Glühlampen vernichtet, also nicht nutzbar verwendet wird.

Für den Fall der Benutzung von Akkumulatoren für ärztliche Zwecke ist zu beachten, daſs bevor die mit dem Akkumulator verbundenen Apparate, Galvanokauter, Stirnlampen und dergl. mit dem menschlichen Körper in Berührung gebracht werden, jede Verbindung des Akkumulators mit dem zum Laden benutzten Leitungsnetz unterbrochen sein muſs; da andernfalls die Gefahr besteht, daſs bei einer im Leitungsnetz vorhandenen Erdverbindung eine mit dem Apparat in Berührung kommende, nicht

isoliert stehende Person elektrische Schläge erhält, die sehr
heftig sind, wenn es sich um die Berührung von durch
die schlecht leitende trockene Haut nicht geschützter
Körperteile handelt.

32. Entladen der Akkumulatoren. Die Entladestrom-
stärke darf den zulässigen Höchstwert nicht übersteigen, da
die Akkumulatoren durch Überlastung Schaden leiden.
Ebenso leidet die Dauerhaftigkeit der Akkumulatoren
durch zu weit gehende Entladung; der Eintritt der Er-
schöpfung eines Akkumulators ist an dem rasch eintretenden Spannungsabfall zu erkennen, wobei die Lichtstärke
eingeschalteter Glühlampen rasch abnimmt. Ein Akkumulator ist als entladen zu betrachten, wenn seine Spannung
auf 1,83 Volt gefallen ist, eine noch weiter gehende Entladung schädigt den Akkumulator.

33. Unterhaltung der Akkumulatoren. In erster Linie
ist auf Reinhaltung der Zellen zu achten, an denselben
oder an den Leitungen sich bildende Ausscheidungen sind
am besten mit einem reinen flachen Holzstäbchen zu beseitigen und die Leitungen an beschädigten Stellen mit
neuem Lackanstrich zu versehen. Gegen Ende des Ladens
einer Batterie ist zu beachten, ob die Gasentwickelung bei
allen gleich lang entladenen Zellen gleichzeitig auftritt;
tritt die Gasentwickelung bei einzelnen Zellen erst später
ein oder bleibt sie überhaupt aus, so ist dies ein sicheres
Zeichen für einen Fehler und muß daher für baldige Abhilfe gesorgt werden. Ferner lassen sich Fehler an der
ungleichen Dichtigkeit der Flüssigkeit in den Zellen erkennen. Die Dichtigkeit, welche durch ein zwischen die
Platten einzusetzendes Aräometer (vgl. 64) gemessen wird,
besitzt bei geladenen Zellen den höchsten und bei entladenen Zellen den niedrigsten Wert. Der Grund für Fehler
besteht meist darin, daß leitende Körper zwischen den
Akkumulatorplatten sich festsetzen oder die Platten sich
werfen und demzufolge sich berühren. Zwischen die Platten

geratene leitende Körper sind daher baldigst zu beseitigen; einem gegenseitigen Berühren der Platten infolge des Werfens derselben wird durch zwischengeschobene Glasstäbchen so lange vorgebeugt bis für sachverständige Abhilfe gesorgt ist. Die Flüssigkeit soll klar und durchsichtig sein.

Zum Nachfüllen der Batterieflüssigkeit darf nur destilliertes Wasser und nach Angabe der Akkumulatorenfabrik beschaffte Schwefelsäure verwendet werden. Gegen Mifsgriffe in dieser Hinsicht sind die Akkumulatoren sehr empfindlich, namentlich kann deren Bestand durch Verwendung von Brunnenwasser, welches häufig chlorhaltig ist, gefährdet werden.

Akkumulatoren sollen nie längere Zeit entladen stehen; nach eingetretener starker Entladung ist für baldiges Laden der Batterie zu sorgen. Eine voll geladene Zelle entlädt sich, auch wenn kein Strom entnommen wird, in zwei bis vier Wochen von selbst; es müssen daher unbenutzt stehende Akkumulatoren, wenn sie nicht Schaden leiden sollen, in Zwischenräumen von zwei bis vier Wochen wieder aufgeladen werden.

Bei der Bedienung von Batterien trägt man Kleider aus Schafwolle, da diese durch die Schwefelsäure nicht zerstört wird. Oder man benutzt zum Schutz der Kleidung eine mit Paraffin getränkte Schürze und bestreicht die Stiefel mit einer Mischung aus Paraffin und Wachs. In der Kleidung entstandene Säureflecken lassen sich durch Anfeuchten mit Ammoniak beseitigen. Die durch die Säureeinwirkung rauh werdenden Hände wäscht man mit Sodalösung.

Transformatoren.

34. Allgemeines. Der Transformator dient entweder zur Umwandlung von hochgespanntem Strom in niedriggespannten Strom oder umgekehrt von niedriggespanntem in hochgespannten Strom. Der hochgespannte Strom ist

für die Übertragung auf grofse Entfernung behufs Verminderung des Leitungsquerschnitts erforderlich und mufs,
da er für den Beleuchtungsbetrieb u. s. w. sich nicht
eignet, an der Stromverbrauchsstelle in niedrig gespannten
Strom umgewandelt werden. Umgekehrt wird in den
Maschinen erzeugter, niedriggespannter Strom zum Zweck
der Übertragung auf grofse Entfernung in hochgespannten
Strom umgewandelt.

Die Anwendung von Transformatoren kommt in Frage
in Gleichstromanlagen mit Akkumulatorenbetrieb, wenn
die zum Laden der Batterie erforderliche höhere Spannung
den Maschinen nicht unmittelbar entnommen werden kann,
sondern durch Transformierung mit Hilfe einer sog. Zusatz-
maschine gewonnen werden mufs. Soll der Strom zur
Erzeugung galvanischer Metallniederschläge, für Verkupfe-
rung, Vernickelung u. s. w. aus einem Lichtleitungsnetz
entnommen werden, so ist die vorhandene Spannung von
meist 110—220 Volt in die erforderlich niedrigere, zwischen
etwa 1 bis 10 Volt liegende Spannung umzuwandeln. In
Wechselstrom- und Drehstromanlagen sind Transformatoren
häufig in Anwendung, um den Strom nach von der Er-
zeugungsstelle fern liegenden Verbrauchsstellen zu übertragen oder den Strom aus einem, wegen der grofsen Ausdehnung des Versorgungsgebietes mit hoher Spannung
betriebenen Leitungsnetz auf die für die Stromabnehmer
erforderliche niedrigere Spannung herabzusetzen.

Handelt es sich um die Verwendung lebensgefährlicher
Spannungen, so müssen die Transformatoren in für Un-
berufenen unzugänglichen Räumen aufgestellt werden.

35. Gleichstromtransformatoren. Der Gleichstromtransformator besteht in der Regel aus zwei gesonderten
elektrischen Maschinen mit gekuppelter Achse. Die eine
Maschine nimmt als Motor den hochgespannten Strom
auf, während die von dem Motor angetriebene stromerzeugende Maschine den für den Beleuchtungsbetrieb u. s. w.

erforderlichen niedriggespannten Strom abgibt. Oder es wird umgekehrt ein Motor mit niedriggespanntem Strom gespeist, und die von ihm angetriebene stromerzeugende Maschine liefert den hochgespannten Strom für die Fernübertragung.

36. Wechselstrom- und Drehstromtransformatoren. Die Wechselstrom- und Drehstromtransformatoren bestehen im Gegensatz zum Gleichstromtransformator aus ruhenden, mit Eisenkernen versehenen oder mit Eisen ummantelten Spulen. Der Wechselstromtransformator besitzt zwei Spulen oder Spulengruppen, von denen die eine, die primäre Spule, den zugeführten elektrischen Strom aufnimmt, während in der andern, der sekundären Spule, durch Induktionswirkung elektrischer Strom erzeugt wird. Der Drehstromtransformator besteht im Prinzip aus drei nebeneinander angeordneten Wechselstromtransformatoren, deren Eisenkörper untereinander verbunden sind, so daſs der Drehstromtransformator drei Paare von Spulen oder Spulengruppen besitzt.

Bogenlampen.

37. Lichtbogen. Die Lichterzeugung erfolgt durch das Glühen der in geringem Abstand gehaltenen Kohlenstabspitzen, zwischen denen der elektrische Strom durch den Lichtbogen übergeht. Je nach der Stromart bezw. der Lampenkonstruktion werden die durch die Kurvenzüge in Fig. 24—26 dargestellten annähernden Lichtwirkungen erzielt; die durch die Kurvenzüge begrenzt gedachten Strahlenlängen stellen die unter den verschiedenen Winkeln abgegebenen Lichtstärken unter Voraussetzung klarer Lampenkuppeln dar; bei Anwendung matter Glasglocken wird die Lichtverteilung gleichmäſsiger, doch tritt durch das matte Glas ein von dessen Dichte abhängender, gröſserer oder geringerer Lichtverlust ein.

Bei der Gleichstromlampe Fig. 24 spitzt sich der untere Kohlenstab zu, während sich in dem oberen, stumpf zulaufenden Kohlenstab eine kleine weißglühende Höhlung bildet; infolge des stärkeren Glühens der oberen Kohle wird, wie in der Figur gezeigt, der größte Teil des erzeugten Lichtes nach unten ausgestrahlt. Die oberen Kohlenstäbe werden ungefähr doppelt so rasch aufgezehrt, wie die unteren; es müssen daher die oberen Kohlen entweder länger oder dicker als die unteren genommen werden.

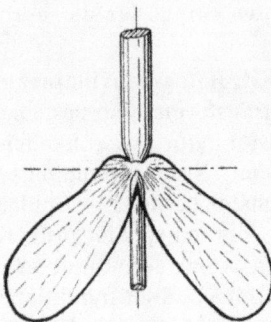

Fig. 24.

In der Wechselstromlampe bilden sich an beiden Kohlenstäben gleiche, im Vergleich zur oberen Kohle der Gleichstromlampe mehr zugespitzte Abbrandformen und glüht die obere und untere Kohle annähernd gleich stark. Es ist daher auch die Lichtausstrahlung (Fig. 25) nach oben und unten annähernd gleich groß. Um das nach oben ausgestrahlte Licht nach unten möglichst nutzbar zu machen, wird in der Regel unmittelbar über dem Lichtbogen ein kleiner Reflektor angebracht. Bei Anwendung eines solchen Reflektors verzehrt sich die obere Kohle etwas weniger rasch als die untere; ist ein Reflektor nicht vorhanden, so werden die Kohlenstäbe ungefähr gleich rasch aufgebraucht.

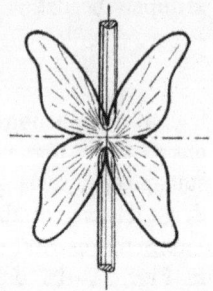

Fig. 25.

Bogenlampen mit nahezu luftdicht abgeschlossenem Lichtbogen, sog. Dauerbrandlampen, wofür sowohl Gleichstrom wie Wechselstrom in Anwendung kommt, strahlen

den gröfsten Teil des von den abgeflachten Kohlenstab-
enden ausgehenden Lichts in seitlicher Richtung aus, wie
dies in Fig. 26 für eine Gleichstromlampe gezeigt ist.

38. Lampen-Spannung. Die Spannung einer Bogenlampe, einschliefslich des vorzuschaltenden Beruhigungs-
widerstandes (vgl. 48), beträgt annähernd:

bei Gleichstrom . . . 55 Volt,

» Wechselstrom. . . 35 »

» Dauerbrandlampen . 110 »

Es sind daher bei der am meisten gebräuchlichen
Leitungsspannung von 110 Volt im allgemeinen bei Gleichstrom zwei und bei
Wechselstrom drei Lam-
pen hintereinander zu
schalten (vgl. 46 b); unter
bestimmten Voraus-
setzungen, namentlich
bei niedrigeren Strom-
stärken, etwa bis 8 Am-
pere, werden auch bei
Gleichstrom drei Lam-
pen mit einer gegen
obige Angabe vermin-

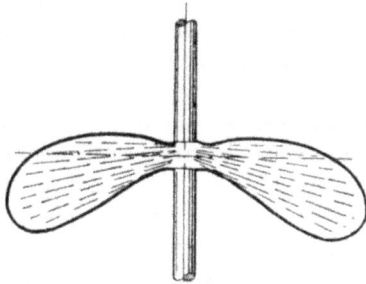

Fig. 26.

derten Lampenspannung hintereinander geschaltet. Die
Dauerbrandlampen sind bei 110 Volt Leitungsspannung
einzeln einzuschalten.

39. Stromstärke. Abgesehen von den Dauerbrandlampen, rechnet man roh für 1 Ampere 80 Kerzen, so-
dafs z. B. für die 6 Ampere-Lampe rund 480 Kerzen angenommen werden. Für die Wahl der Stromstärke und
der damit zusammenhängenden Leuchtkraft der Lampen
lassen sich wegen der Verschiedenheit der Anforderungen
allgemein gültige Regeln nicht aufstellen und ist daher
in jedem einzelnen Fall sachverständiger Rat erforderlich.
Kommt z. B. allgemeine Erhellung grofser Räume in Frage,

so können starke Lichtquellen in verhältnismäfsig grofsen
Abständen gewählt werden; handelt es sich dagegen um
besondere Beleuchtung einzelner Gegenstände oder von
Arbeitsstellen, so ist eine gröfsere Zahl der Raumeinteilung
anzupassender schwächerer Lichtquellen erforderlich. Stets
sind hierbei aber so viele Nebenumstände zu berück-
sichtigen, dafs eine erfolgreiche Bestimmung über die an-
zuwendende Leuchtkraft der Lampen und die Lampenverteilung nur auf Grund praktischer Erfahrungen möglich ist.

40. Aufhängehöhe. Auch in dieser Hinsicht ist sachverständiger Rat nicht zu umgehen. Im allgemeinen ist
zu beachten, dafs für die günstigste Aufhängehöhe die
oben unter 37. beschriebene verschiedenartige Lichtwirkung
der Lampen mafsgebend ist. Für die gewöhnliche Gleichstromlampe ist nämlich wegen ihrer vorwiegenden Lichtstrahlung nach unten, im Gegensatz zur Wechselstrom- und
Dauerbrandlampe, eine höhere Aufhängung möglich und
wird dadurch der Vorteil erreicht, dafs die blendende, den
Eindruck einer guten allgemeinen Erhellung beeinträchti-
genden Lampe selbst dem Auge mehr entrückt werden kann;
dies fällt namentlich für die Beleuchtung im Freien, wobei
die Aufhängehöhe durch anderweitige Rücksichten nicht
begrenzt ist, ins Gewicht. Für die Wechselstromlampe und
die Dauerbrandlampe sind wegen ihrer mehr seitlichen
Lichtstrahlung geringere Aufhängehöhen zu wählen, auch
kommt bei diesen Lampen die Rückstrahlung heller Wände
in weit höherem Grade zur Geltung als bei der Gleichstromlampe.

41. Lampenkuppeln. Durch die meist übliche Verwendung von Kuppeln aus Alabaster- oder Opalglas wird
gegenüber der Anwendung klarer Kuppeln eine gleich-
mäfsigere Lichtverteilung bezweckt. Zur Vermeidung zu
grofsen Lichtverlustes durch die matten Kuppeln wähle
man dieselben so durchsichtig, wie es für die jeweilige

Verwendung der Lampen gerade noch statthaft ist. Im allgemeinen ergiebt Alabasterglas einen etwas geringeren Lichtverlust als Opalglas. Bei Anwendung von Kuppeln aus klarem, durchsichtigem Glas ist das weniger gleichmäſsig verteilte Licht der Lampe stark blendend, auch machen sich die Schatten der Kohlenhalter-Führungsstangen, der Umspinnung der Lampenkuppel u. s. w. unangenehm bemerkbar.

Die Kuppeln sollen den Lichtbogen vor Luftzug schützen, namentlich aber das Herabfallen glühender Kohlenteilchen und dadurch eine Entzündung von unter der Lampe gelagerten brennbaren Gegenständen verhüten. Es ist daher besonders darauf zu achten, daſs die Kuppeln sowohl nach oben als besonders nach unten genügend abgeschlossen sind. Die den Abschluſs der Kuppel nach unten bewirkenden Aschenteller müssen dicht schlieſsen und so befestigt sein, daſs sie auch durch ein Versehen bei der Bedienung der Lampen nicht aus ihrer Lage gebracht werden können. Diese Forderung ist dadurch begründet, daſs z. B. in die Kuppeln lose eingelegte Aschenteller sich leicht verschieben und einen Spalt für das Herabfallen glühender Kohlenteilchen frei lassen. Aus dem gleichen Grunde ist streng darauf zu achten, daſs durchlöcherte Kuppeln alsbald durch neue ersetzt werden. Mit besonderer Vorsicht sind ferner Lampen mit kleinen, den Lichtbogen dicht umschlieſsenden und oben ziemlich weit offenen Kuppeln, die ein Herausfallen glühender Kohlenteilchen bei eintretendem Luftzug nicht vollkommen ausschlieſsen, zu behandeln; keinesfalls dürfen solche Lampen über leicht entzündlichen Gegenständen aufgehängt werden.

Um mit Bogenlampen eine möglichst schattenfreie, dem Tageslicht ähnliche Beleuchtung, wie sie z. B. für Zeichensäle gewünscht wird, zu erzielen, kommen eigens gebaute Reflektoren in Anwendung, durch welche der gröſste Teil des Lichtes der Lampen gegen die Decke

geworfen wird und erst durch den Reflex der Decke wirkt.
Bedingung für eine derartige Beleuchtung sind weiße
Decken und Wände; die Fensteröffnungen sind mit weißen
Vorhängen zu versehen. Wegen des bei dieser indirekten
Beleuchtung eintretenden Lichtverlustes müssen hellere
Lampen verwendet werden, als für die meist übliche direkte
Beleuchtung.

42. Aufhänge-Vorrichtungen. Besonderes Gewicht
ist darauf zu legen, daß die Lampen zum Einsetzen der
Kohlenstäbe und zum Reinigen leicht zugänglich sind,
da nur dann eine verlässige Bedienung und ein damit zu-
sammenhängendes ruhiges Brennen der Lampen gewähr-
leistet werden kann. Es ist daher im allgemeinen unzweck-
mäßig, die Lampen von einer Leiter aus zu bedienen, es
soll vielmehr, wenn irgend möglich, dafür gesorgt werden,
daß die Lampen herabgelassen und vom Fußboden aus
bedient werden können. Zur Lampenaufhängung kommen
am besten gut verzinkte Stahldrahtseile und als Aufzugs-
vorrichtung Windetrommeln oder Gegengewichte in Anwendung. Die Windetrommeln und Seilführungsrollen
sollen behufs Schonung des Aufzugsseils nicht zu kleine
Durchmesser haben. Für Drahtseile von 5 — 7 mm Durchmesser kommen am besten Rollen von nicht unter 12 cm
Durchmesser in Anwendung; die im Handel erhältlichen
und vielfach verwendeten Rollen von nur 3—4 cm Durchmesser sind wegen der durch sie bedingten starken Biegungen und dem unter Umständen eintretenden Schleifen
des Seils unzulässig.

Die Aufzugsseile müssen zeitweise untersucht und, falls
sie schadhaft sind, durch neue ersetzt werden. Die Windetrommeln und die Lager der Seilführungsrollen sind zeitweise zu ölen.

43. Regulierwerk. Die Kohlenstäbe müssen ihrem
Abbrand entsprechend vorgeschoben werden. Im allgemeinen geschieht dies durch selbstthätig wirkende, durch

die Stromwirkung in Gang gesetzte Regulierwerke; nur in
besonderen Fällen, z. B. bei Bühnenscheinwerfern, erfolgt
der Vorschub der Kohlenstäbe von Hand mittels sog.
Handregulatoren. Am Regulierwerk bei unregelmäfsigem
Brennen der Lampen unter Umständen notwendig werdende
Arbeiten müssen Sachverständigen übertragen werden, da
durch unkundiges Verstellen des Regulierwerks der Fehler
in der Regel nur vergröfsert wird.

44. Kohlenstäbe. Bei der Beschaffung der Kohlenstäbe halte man sich genau an die Vorschriften der
Lampenfabrik, da das ruhige Brennen der Lampen von der
Verwendung guter und für die Lampen passender Kohlenstäbe wesentlich abhängt. Namentlich sind die Kohlenstäbe von richtiger Länge und vorgeschriebenem Durchmesser zu nehmen, weil bei dem sonst eintretenden un-
gleichmäfsigen Abbrand die Kohlenhalter leicht verbrennen;
aus dem gleichen Grunde sind die Kohlenstäbe von einer
verlässigen, am besten von der durch die Lampenfabrik
empfohlenen Fabrik zu beziehen.

Man unterscheidet Docht- und Homogenkohlen; die
ersteren besitzen einen in ihrer Achsenrichtung verlaufenden,
mit besonderer Masse ausgefüllten Kanal; die letzteren
haben einen gleichförmigen Querschnitt. Für Gleichstrom
kommen, abgesehen von den Dauerbrandlampen, für die
obere Kohle Docht- und für die untere Homogenkohlen in
Anwendung; in Dauerbrandlampen oben und unten Homogenkohlen. Für Wechselstromlampen werden nur Docht-
kohlen verwendet.

Für die Aufbewahrung der Kohlenstäbe ist ein vollkommen trockener Raum erforderlich.

45. Lampen-Bedienung. Vor jedem Einsetzen neuer
Kohlenstäbe mufs die Lampe gereinigt werden. In erster
Linie sind die aus dem Regulierwerk hervorragenden Teile,
die Kohlenhalterführungen und die Kohlenhalter, von dem
anhaftenden Aschenstaub zu befreien, ferner ist der in der

Lampenkuppel angesammelte Kohlenstaub zu entfernen
und Aufsen- sowie Innenseite der Kuppel zu reinigen. Man
bedient sich hierzu eines Staubpinsels und eines Leder-
lappens. Die Kohlen sind so einzusetzen, dafs sie gerade
aufeinander stehen. Zur Ermöglichung der Lichtbogen-
bildung sollen sich die Spitzen neu eingesetzter Kohlen
durch Zurückschieben der Kohlenhalter mindestens 5 mm
auseinander ziehen lassen.

Ein Bedienen der Lampen während des Beleuchtungs-
betriebs ist thunlichst zu unterlassen; um dies zu ermöglichen, sind für die Brenndauer der Lampe ausreichend
lange Kohlenstäbe einzusetzen.· Reststücke von Kohlenstäben
können für die kürzere Beleuchtungszeit im Sommer zurück-
gelegt werden, indem man dieselben nach den zusammengehörigen Längen und Stärken geordnet aufbewahrt. Unter
allen Umständen darf die Lampenkuppel erst herabgelassen
werden, nachdem die Lampe ausgeschaltet ist und die
Kohlenstäbe aufgehört haben zu glühen. Hierdurch soll
dem Herabfallen glühender Kohlenteilchen vorgebeugt
werden; namentlich ist dies zu beachten, wenn unter den
Lampen leicht brennbare Gegenstände lagern.

46. Lampen-Schaltungen. Gleichstrombogenlampen
müssen so in den Stromkreis geschaltet werden, dafs der
Strom in der Richtung von der obereren nach der unteren
Kohle fliefst; die Lampenklemmen tragen zu diesem Zweck
die Zeichen $+$ und $-$ (vgl. 18). Bei Wechselstromlampen
sind die Klemmen gleichwertig.

a) Hintereinanderschaltung. Die in Fig. 27
dargestellte Hintereinanderschaltung, wobei nur ein
Lampenstromkreis mit der Maschine verbunden ist, kommt
selten in Anwendung. In den Lampenstromkreis wird
ein Stromzeiger S und ein Regulierwiderstand W geschaltet,
um die Stromstärke zu beobachten und dieselbe durch Ein-
oder Ausschalten von Widerstand auf der vorgeschriebenen
Höhe zu erhalten. Die Lampen müssen bei dieser Anordnung

so hergestellt sein, daſs beim Verlöschen einer Lampe die
übrigen im gleichen Stromkreis eingeschalteten Lampen
im Brennen nicht wesentlich gestört werden; es geschieht
dies dadurch, daſs statt der ausfallenden Lampe ein Ersatz-
widerstand selbstthätig eingeschaltet wird oder bei Wechselstrom eine der Lampe parallel geschaltete Induktionsspule den Ausgleich besorgt.

b) **Parallelschaltung**. Je nach der Höhe der
Spannung (vgl. 38) werden einzelne Lampen oder Gruppen
von hintereinander geschalteten Lampen in Parallelschaltung

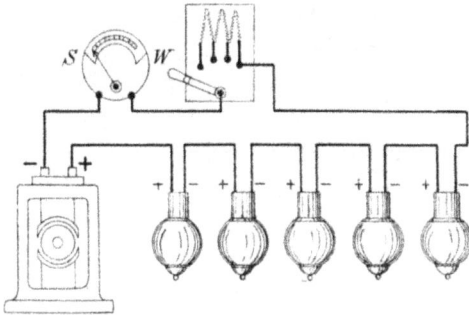

Fig. 27.

mit den Hauptleitungen verbunden. In der durch Fig. 28
dargestellten Schaltung ist eine Spannung zwischen den
Hauptleitungen a und b von rund 110 Volt angenommen
und sind daher, wie schon oben unter 38 angegeben, bei
Gleichstrom je zwei Lampen hintereinander zu schalten.
In jedem Lampenstromkreis befindet sich ein Beruhigungswiderstand W und ein Schalter A; die zusammengehörigen
Lampen können nur miteinander ein- und ausgeschaltet
werden.

Sollen hier Lampen einzeln geschaltet werden, so ist
statt der fehlenden Lampe ein Widerstand W' einzuschalten
oder der Widerstand W ist entsprechend zu vergröſsern;

die für die ausfallende Lampe gelieferte elektrische Arbeit wird im Widerstand in Wärme umgesetzt, statt in der Lampe verbraucht zu werden. An Stromverbrauch und demzufolge an Beleuchtungskosten kann daher, abgesehen von dem wegfallenden Verbrauch an Kohlenstäben, durch das Ausschalten einzelner von in Hintereinanderschaltung brennender Lampen nicht gespart werden.

In Wechselstrombetrieben können, auch bei höherer, für die unmittelbare Einschaltung einzelner Bogenlampen nicht geeigneter Netzspannung, Einzellampen wirtschaftlich

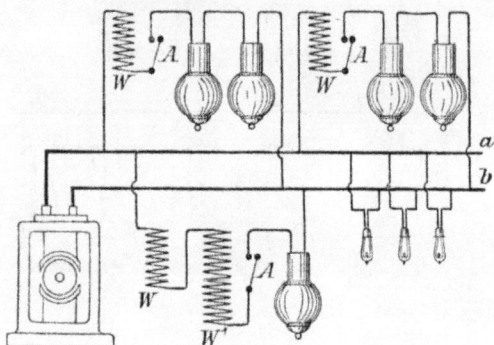

Fig. 28.

verwendet werden, wenn man die Netzspannung mit gesonderten Transformatoren (Lampentransformatoren) auf ein für die Lampen geeignetes Maſs herabtransformiert.

Von den gleichen Hauptleitungen a und b Fig. 28 können parallel geschaltete Glühlampen abgezweigt werden.

47. Brennkosten. Die stündlichen Stromverbrauchskosten bei der vorbezeichneten, am meisten gebräuchlichen Schaltung bei 110 Volt Leitungsspannung berechnen sich für Gleich- und Wechselstrom, abgesehen von den Dauerbrandlampen, annähernd wie folgt:

Stromstärke	Leuchtkraft einer Lampe		Verbrauch der hintereinander geschalteten Lampen	Stündliche Verbrauchskosten für die hintereinander geschalteten Lampen bei einem Preis für die Hektowattstunde von:			
	drei hintereinander geschaltete Wechselstromlampen	zwei hintereinander geschaltete Gleichstromlampen		4 Pf.	5 Pf.	6 Pf.	7 Pf.
Ampere	Hefnerkerzen		Hektowatt	Pfennige			
4	300	400	4,4	18	22	26	36
6	570	700	6,6	26	33	40	46
8	900	1100	8,8	35	44	53	62
10	1300	1500	11,0	44	55	66	77
12	1700	2000	13,2	53	66	79	92
15	2400	2700	16,5	66	82	94	115
20	3500	3900	22,0	88	110	132	154
25	4800	5100	27,5	110	137	165	193

Die sämtlichen Zahlen der Tabelle sind wegen der im Betrieb vorkommenden Unregelmäfsigkeiten nur als Annäherungswerte zu betrachten.

Die Stromverbrauchskosten bleiben aus den oben unter 46 angegebenen Gründen unverändert, gleichgültig, ob die volle Lampenzahl, bei Gleichstrom zwei und bei Wechselstrom drei Lampen, hintereinander geschaltet sind oder ob in dem Stromkreis nur eine Lampe brennt.

Die Kosten des Kohlenstabverbrauchs betragen je nach der Höhe der Stromstärke 1—2 Pf. für die Lampe und Brennstunde.

48. Beruhigungswiderstand für Bogenlampen. Die in Fig. 27 und 28 mit *W* bezeichneten, den Lampen vorgeschalteten Widerstände sind zur Erzielung eines gleichmäfsigen Lichtes erforderlich; ohne Vorschaltung von Widerstand würde der Lichtbogen der Lampen zu grofsen Schwankungen unterworfen sein.

Da die Widerstände sich stark erwärmen und bei an den Lampen vorkommenden Störungen unter Umständen glühend werden, so ist für Abkühlung der Widerstände

4*

durch gute Lüftung und für Fernhaltung brennbarer Gegenstände von den Widerständen Sorge zu tragen. Die häufig
verwendeten walzenförmigen Widerstände müssen daher
zur Herbeiführung der erforderlichen Luftströmung mit
senkrecht stehender Achse befestigt werden, weil bei wag-
rechter Lage der Achse der Widerstand infolge mangelnder
Kühlung zu heifs würde. Werden die Widerstände mit
einem Schrank umgeben, so mufs derselbe aus unver-
brennlichem Material hergestellt, ferner unten und oben
mit Luftlöchern versehen sein.

In Wechselstrom- und Drehstrombetrieben können
statt der Beruhigungswiderstände Induktionsspulen, sog.
Drosselspulen, angewendet werden; durch dieselben wird
der Stromverlust im Vergleich zur Anwendung von Widerständen etwas geringer.

Glühlampen.

49. Allgemeines. Das Leuchten der Glühlampe ist
eine Folge des durch den Stromdurchgang bewirkten Er-
glühens des in einem luftleeren Glaskolben eingeschlossenen
Kohlenfadens. Bedingung für ein gleichmäfsiges Brennen
der Lampe ist die Erhaltung möglichst gleichbleibender
Spannung in den mit der Lampe verbundenen Leitungen.
Die Lampen müssen der in Anwendung kommenden Lei-
tungsspannungen angepafst sein.

**50. Stromverbrauch und Dauerhaftigkeit der
Lampen.** Gleich verlässige Herstellung der Lampen vorausgesetzt steht deren Stromverbrauch für die erzeugte
Lichteinheit im umgekehrten Verhältnis zur Dauerhaftigkeit
der Lampen. Die am meisten verwendeten Glühlampen ver-
brauchen 3—3,5 Watt für die erzeugte Lichteinheit (Hefner-
Kerze = HK) und besitzen eine Brenndauer von etwa
800 Stunden; die 16 kerzige Glühlampe verbraucht sonach
50—55 Watt. Bei Lampen mit nur 2,5 Watt Stromverbrauch

für die Lichteinheit kann eine Dauer von etwa 300 Stunden angenommen werden.

Die Lichtstärke der Lampen nimmt mit der Brenndauer ab und zwar anfänglich nur langsam und nach längerer Brenndauer rascher. Dem rechtzeitigen Umtausch der gebrauchten Lampen gegen neue muſs umsomehr Beachtung geschenkt werden, als der Stromverbrauch der nach längerer Benutzung schwach glühenden Lampen im Vergleich zu dem anfänglichen Stromverbrauch sich nur unmerklich vermindert, so daſs der Stromverbrauch und damit die Kosten für die ausgestrahlte Lichteinheit (Kerze) gegen das Ende des Brennens einer Lampe erheblich steigt. Es wäre daher durchaus fehlerhaft, dunkel brennende Lampen bis zu dem oft erst nach recht langer Zeit erfolgenden Durchbrennen des Kohlenfadens im Betrieb zu lassen und dadurch eine unwirtschaftliche Beleuchtung herbeizuführen.

Eine Steigerung der Spannung über die für die Lampen festgesetzte, auf denselben in der Regel vermerkte Spannung führt eine unverhältnismäſsige Steigerung der Lichtstärke, gleichzeitig aber auch eine starke Abnutzung der Lampen herbei.

51. Brennkosten der Lampen. Die stündlichen Brennkosten der Glühlampen berechnen sich bei einem durchschnittlichen Stromverbrauch von 3,1 Watt für die Hefnerkerze wie folgt:

Annähernde Leuchtkraft der Lampe Hefnerkerzen	Verbrauch Hektowatt	Stündliche Verbrauchskosten bei einem Strompreis für die Hektowattstunde von:			
		4 Pf.	5 Pf.	6 Pf.	7 Pf.
		Pfennige			
5	0,2	0,8	1,0	1,2	1,4
10	0,3	1,2	1,5	1,8	2,1
16	0,5	2,0	2,5	3,0	3,5
25	0,8	3,2	4,0	4,8	5,6
32	1,0	4,0	5,0	8,0	7,0

Der Ersatz verbrauchter Glühlampen kostet rund 0,1 Pf. für die Lampenbrennstunde.

Die Anwendung von Lampen mit geringerem Stromverbrauch — es werden Lampen geliefert bis herab zu 2,5 Watt Stromverbrauch für die Lichteinheit — ist besonders vorteilhaft bei hohen Stromkosten, weil dann die im Vergleich zu 3 Watt-Lampen eintretenden höheren Kosten für den Ersatz der sich rascher aufbrauchenden Lampen gegenüber den hohen Stromverbrauchskosten weniger ins Gewicht fallen.

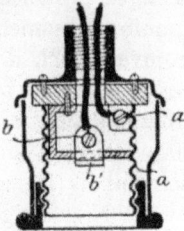

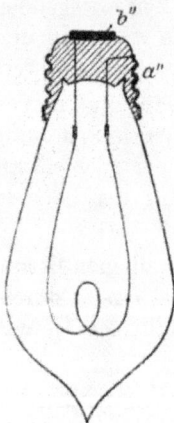

52. Lampenfassung. Die Lampenfassung dient zur Befestigung der Lampe an dem Lichtträger und vermittelt die Verbindung der Lampe mit den stromführenden Leitungen. Die Fassung muſs der Lampe einen sicheren Halt geben und eine von den stromleitenden Teilen isolierte Hülse besitzen. Man unterscheidet sog. Hahnfassungen, d. h. mit Schalter versehene Fassungen, und Fassungen ohne Hahn. Die ersteren kommen in Anwendung, wenn die Lampen bequem zu erreichen sind, z. B. für Tischlampen; im übrigen werden Fassungen ohne Hahn benutzt, wobei dann gesonderte Schalter an leicht zugänglichen Stellen in die Leitungen eingeschaltet werden.

Fig. 29.

In Fig. 29 ist die am meisten gebrauchte Edison-Fassung ohne Hahn im Schnitt dargestellt. Die Fassung ist mit Gewindegang versehen, in welchen die ein entsprechendes Gewinde tragende Lampe eingeschraubt wird. Die in die Fassung eingeführten Leitungsdrähte dürfen zur Verhütung einer gegenseitigen Berührung, sowie einer Berührung mit stromleitenden Teilen der Fassung nur so weit blank gemacht werden, als zum Einlegen der Leitungs-enden unter die Klemmschrauben a und b notwendig ist. Die Enden der Leitungsdrähte werden von links nach rechts zu Ösen gebogen unter die Schrauben eingelegt; würden die Ösen fehlerhafterweise in entgegengesetzter Richtung, d. h. von rechts nach links gebogen, so würden sich dieselben beim Anziehen der Schrauben aufbiegen. Bestehen die in die Fassung einzuführenden Drähte aus Kupferseilchen, so müssen die dünnen Drähte, aus denen die Seilchen zusammengewunden sind, an den Enden ver-lötet werden, da andernfalls durch vorstehende einzelne Drähtchen Stromschluß in der Fassung entsteht.

Die Stromüberführung in die Lampe Fig. 29 erfolgt durch die metallische Berührung der Kontakte a' und b' in der Fassung mit den Kontaktteilen der in die Fassung eingeschraubten Lampe, nämlich einerseits mit dem Ge-winde a'' und anderseits mit der Kontaktplatte b''. Da der mit dem Gewinde versehene Kontaktteil der Lampe meistens aus der Fassung vorsteht, so muß eine Berührung stromleitender Gegenstände mit den Lampen vermieden werden. Es gilt dies namentlich für die Verwendung der Lampen zu Schaufenster-Dekorationen, Weihnachtsbaum-Beleuchtungen u. s. w.; kommen z. B. mit Metallfäden durchwobene Gespinste mit den an verschiedene Leitungs-pole angeschlossenen Gewindegängen der Lampen oder auch nur mit einem derselben und mit einem Gas- oder Wasserrohr, einem eisernen Schaufensterrahmen und dgl. in Berührung, so entsteht eine Stromableitung und dadurch ein durch die Sicherungen (vgl. 58) nicht immer zu verhütendes Erglühen der Metallfäden der vorbezeichneten Gespinste. Werden Glühlampen für derartige Dekorationszwecke ver-wendet, so empfiehlt es sich, dieselben mit schützenden Glas-tulpen, leichten Drahtkörbchen oder dergl. zu umgeben.

53. Beleuchtungskörper. Die hierunter zu verstehenden Lampenträger, Kronen, Wandarme u. s. w. sollen ein bequemes Zuführen der Leitungsdrähte zu den Lampenfassungen ermöglichen. Die zur Leitungseinführung dienenden Rohre der Beleuchtungskörper dürfen daher nicht zu eng sein und auch keine zu scharfen Biegungen besitzen. Die Beleuchtungskörper müssen isoliert aufgehängt bezw. die Wandarme mittels isolierender Holzrosetten oder dergl. befestigt werden. Fig. 30 zeigt als Beispiel ein mit Hilfe einer Isolierrolle aufgehängtes Pendel, der eine um die Rolle *r* geschlungene S-Haken dient zum Einhängen in einen in die Decke geschraubten Haken, während in den durch die Bohrung der Isolierrolle gezogenen Ring das Pendel eingehängt ist. Die Isolierrolle verhindert sonach eine leitende Verbindung des Beleuchtungskörpers mit der Decke.

Zur Steigerung der Lichtwirkung versieht man die Lampen mit Schirmen. Wird eine allgemeine Erhellung verlangt, so sind die Lampen zur Erzielung einer gleichmäfsigen Lichtverteilung entsprechend hoch aufzuhängen. Handelt es sich dagegen um die Beleuchtung einzelner Gegenstände, so werden die Lampen denselben thunlichst genähert und gegen den Beschauer abgeblendet. Dies kommt z. B. für Tischlampen in Frage, wobei die Lampe die Tischfläche hell beleuchten soll, aber die Augen der am Tisch Arbeitenden vor der unmittelbaren Strahlung der Lampe geschützt sein müssen. Am besten wird dies durch Milchglasschirme erreicht, welche so viel Licht durchscheinen lassen, dafs der Raum noch eine genügende allgemeine Erhellung erhält; grüne Glasschirme sind für diesen Zweck zu wenig durchscheinend und für die Augen schädlich, da der Unterschied zwischen der Beleuchtung

Fig. 30.

der Tischfläche und der allgemeinen Erhellung des Raumes zu grofs würde. Werden die Lampen mit derart dunklen Schirmen abgeblendet, so mufs noch für eine anderweitige Erhellung des betreffenden Raumes, z. B. durch Deckenpendel oder Kronen, gesorgt werden. Für Schaufenster, Schultafeln u. s. w. kann nur durch Abblenden der Lampen gegen den Beschauer eine wirksame Beleuchtung erzielt werden; durchaus fehlerhaft wäre es in diesem Falle, die Lampen dem Beschauer entgegen scheinen zu lassen und denselben dadurch zu blenden.

Liegt Gefahr vor, dafs die Lampen durch Anstofsen beschädigt werden, so umgibt man dieselben mit Drahtkörben; das Gleiche gilt, wenn die frei hängenden Lampen mit brennbaren Gegenständen in Berührung kommen können. In Räumen, in denen sich explosive Gase ansammeln, sind die Lampen und Fassungen mit luftdicht schliefsenden Glaskuppeln zu versehen.

Für Beleuchtungskörper, welche eine gröfsere Lampenzahl tragen, für Kronen, Deckenreflektoren u. s. w. empfiehlt sich die Anwendung von Umschaltern, mittels deren je nach Bedarf alle Lampen oder nur wenige derselben in Betrieb genommen werden können.

54. Lampenschaltungen.

a) Hintereinanderschaltung. Die Hintereinanderschaltung einer gröfseren Lampenzahl ist im allgemeinen nur unter Verwendung von hochgespanntem Wechselstrom gebräuchlich. Würden die Lampen ohne weiteres hintereinander geschaltet, so hätte das Durchbrennen des Kohlenfadens einer Lampe eine Unterbrechung des ganzen Stromkreises zur Folge. Um dies zu verhüten, sind den einzelnen Lampen Induktionsspulen J (Fig. 31) parallel geschaltet, welche derart eingerichtet sind, dafs durch das Ausschalten einer Lampe die Bedingungen für das Weiterbrennen der übrigen Lampen sich nur unwesentlich ändern.

b) Parallelschaltung. Diese am meisten verwendete
Schaltung besteht darin, daſs jede Lampe *A* (Fig. 32) mit
den Hauptleitungen *a* und *b* verbunden ist und daher für

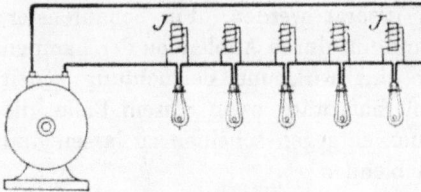

sich allein ein- und
ausgeschaltet wer-
den kann. Neben
den Glühlampen
können anderwei-
tige Apparate, z. B.
Bogenlampen (vgl.
Fig. 28) und Mo-
toren eingeschaltet

Fig. 31.

werden. Eine Hintereinanderschaltung von Glühlampen
kommt in Verbindung mit dieser Schaltung nur für besondere
Zwecke in Anwendung; z. B. für kleine Dekorationslampen,
in Fig. 32 mit *B* bezeichnet. Von denselben werden dann so
viele Lampen gleicher Kerzenstärke hintereinander geschaltet, daſs die Summe ihrer Spannungen gleich ist der

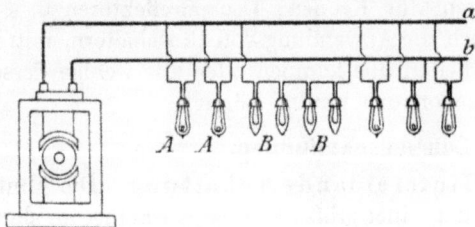

Fig. 32.

zwischen den Hauptleitungen *a* und *b* herrschenden
Spannung, d. h. gleich der Spannung der unmittelbar
parallel geschalteten Lampen *A*. Beträgt die Leitungsspannung z. B. 110 Volt und die Spannung der kleinen
Lampen 35 Volt, so müssen drei derselben hintereinander
geschaltet werden, da die Spannung $3 \times 35 = 105$ Volt
annähernd der Leitungsspannung entspricht.

Hilfsapparate.

55. Regulierwiderstand. Mittels dieses Apparates wird die Stromstärke verringert oder erhöht, indem man mit einer Schaltvorrichtung, einer Kurbel od. dergl. Widerstand in dem betreffenden Stromkreis hinzu oder abschaltet. Solche Apparate kommen in Anwendung zur Regulierung der Magneterregung an elektrischen Maschinen, der Stromentnahme für Bogenlampen u. s. w. In letzterem Fall haben die Widerstände aufserdem den Zweck, als Beruhigungswiderstand (vgl. 48) gegen die durch den Lichtbogen verursachten Stromschwankungen zu dienen.

Die durch den Strom sich erwärmenden Widerstände sind so aufzustellen, dafs sie benachbarte brennbare Gegenstände nicht entzünden können. Erforderlichenfalls wird zwischen einer zur Befestigung des Widerstandes dienenden Holzwand und dem Widerstand ein Schutzblech angebracht, wobei durch geeignete Unterlagen an den Befestigungsstellen dafür zu sorgen ist, dafs ein für die Luftkühlung erforderlicher freier Raum zwischen der Wand und dem Blech verbleibt.

Die Kontakte der Widerstände, welche durch die beim Verschieben der Schaltkurbel entstehenden Funken rauh werden und sich schwärzen, sind zeitweise mit feinkörnigem Glaspapier oder Schmiergelleinen abzureiben. Durch Reinigen in entsprechenden Zeitabschnitten müssen die Widerstände staubfrei gehalten werden. Brüchig werdende Widerstandspiralen sind zu erneuern, weil der beim Abbrechen der Drähte während des Betriebs an der Bruchstelle entstehende elektrische Lichtbogen feuergefährlich ist, besonders wenn sich auf den Widerständen leicht brennbarer Staub angesammelt hat. Aus dem gleichen Grund ist ein Übereinanderhaken gebrochener Widerstanddrähte unzulässig; auch bietet ein Verlöten gebrochener Drähte wegen der unter Umständen auftretenden starken Erwärmung der Widerstände nicht die genügende Sicherheit.

Aus den im vorstehenden angegebenen Gründen sollen
Widerstände, die zur Vermeidung zu starker Erhitzung
nicht vollständig eingeschlossen werden können, nicht in
mit Staub erfüllten Räumen, namentlich nicht in Spinne-
reien, Holzschneidereien u. s. w. untergebracht werden.

56. Anlasser für Elektromotoren. Zum Ingangsetzen
der Motoren sind sog. Anlasser erforderlich, um einem
sowohl für den Motor selbst, wie für die Stromzuführungen
gefährlichen Anwachsen der Stromstärke vorzubeugen. Die
Anlasser, deren Schaltung im Motorstromkreis oben unter
25 angegeben ist, bestehen entweder aus Drahtwiderständen,
die entsprechend der Zunahme der Umdrehungzahl des
anlaufenden Motors nach und nach ausgeschaltet werden,
oder aus Flüssigkeitswiderständen. In letzterem Falle
werden, während des Anlaufens des Motors, Eisenplatten
in mit Sodalösung gefüllte Gefäße allmählich eingetaucht,
wodurch der Flüssigkeitsquerschnitt für den Stromdurchgang langsam vergrößert, der eingeschaltete Widerstand
also verringert wird; hat der Motor seine Umlaufszahl erreicht, so wird durch in der Endstellung des Schalthebels
vorhandene metallische Kontakte der Flüssigkeitswiderstand
ausgeschaltet. Während des regelrechten Betriebs des
Motors dürfen die nur für einen kurz dauernden Stromdurchgang berechneten Anlaßwiderstände nicht eingeschaltet bleiben. Für die Regulierung der Umdrehungszahl von
Motoren erforderliche Widerstände müssen im Gegensatz
zu den Anlaßwiderständen für eine dauernde Strombelastung eingerichtet sein.

Für die Unterhaltung der Anlasser gilt sinngemäß das
Gleiche wie für die unter 55 beschriebenen Regulierwider-
stände.

57. Schalter. Die Schalter dienen zum Schließen und
Öffnen des Stromkreises. Die Wirkungsweise des Schalters
wird im nachstehenden an dem durch Fig. 33 dargestellten
Apparat erläutert; derselbe besteht aus den auf einer

isolierenden Grundplatte befestigten Kontaktplatten *a* und *b*,
welche durch die Klemmschrauben *x* und *y* mit den Leitungen verbunden sind, und aus dem mit Hilfe des isolierenden Griffes *d* um die Achse *g* drehbaren Kontaktbügel *c*.
Der Stromkreis ist geschlossen, wenn der Kontaktbügel *c*,
wie in der Figur gezeigt, auf den Metallplatten *a* und *b*
ruht, und geöffnet, wenn der Bügel *c* in der hierzu senk-
rechten Stellung steht.

Die Schalter sind in der Regel so gebaut, daſs die
Strom-Einschaltung wie -Unterbrechung unter Federwirkung
rasch erfolgt und dadurch der
zwischen den Kontakten sich bildende Lichtbogen rasch unterbrochen wird; ferner muſs der
Apparat so eingerichtet sein, daſs
der Schalthebel in den beiden
Endstellungen Ruhelagen hat. Im
allgemeinen müssen die Schalter
mit von den stromleitenden Teilen
isolierten Hülsen umgeben sein;
nur in Maschinenräumen u. s. w.,

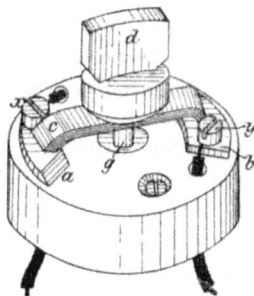

Fig. 33.

woselbst die Schalter nur fach-
kundigen Personen zugänglich sind, dürfen Apparate mit
offenen Kontakten angewendet werden, auch kommen hier
die weiteren obigen Forderungen, betreffend das Ein- und
Ausschalten unter Federwirkung u. s. w., in Wegfall.

Sind mehrere Leitungspole gleichzeitig zu unterbrechen,
so kommen, im Gegensatz zu dem vorstehend beschriebenen
einpoligen Schalter, zwei- und dreipolige Schalter in Anwendung; es sind dies Apparate, in denen sich die Einrichtungen des einpoligen Schalters zwei- bezw. dreimal
wiederholen.

Sollen die Schalter nicht nur zum Schlieſsen und Öffnen
des Stromkreises, sondern auch zum Wechseln in der Zahl
der eingeschalteten Lampen u. s. w. benutzt werden, so

kommen Umschalter in Anwendung. Es ist dies z. B. der
Fall, wenn in Glühlichtkronen je nach Bedarf eine gröfsere
oder kleinere Lampenzahl eingeschaltet werden soll; ferner
lassen sich mit Hilfe von Umschaltern Lampen von verschiedenen Stellen aus ein- und ausschalten, indem man
z. B. eine Schlafzimmerlampe mit einem neben der Zimmer-
thür angebrachten Umschalter ein- und mit einem am Bett
angebrachten Umschalter ausschaltet oder umgekehrt. Die
Schalter erhalten für diesen Zweck eine entsprechend
gröfsere Zahl von Kontaktplatten, welche derart angeordnet
und mit den Leitungen verbunden werden, dafs je nach
der Stellung des Schalthebels die eine oder andere Leitung
eingeschaltet oder der Stromkreis ganz unterbrochen ist.

Die Schalter werden an den Stellen angebracht, von
denen aus die Unterbrechung des Stromkreises am zweck-
mäfsigsten bewirkt wird; z. B. für die Beleuchtungsein-
richtungen in Zimmern bequem erreichbar neben der Thür.

Werden die elektrischen Einrichtungen nicht regel-
mäfsig benutzt, wie dies z. B. bei Beleuchtungsanlagen für
Versammlungsräume oder bei nicht das ganze Jahr hin-
durch benutzten Wohnungen der Fall ist, so empfiehlt sich
eine Leitungsunterbrechung in sämtlichen Polen, also die
Verwendung von zwei- bezw. dreipoligen Schaltern. Man
kann dann die betreffende Leitungsanlage vollkommen
spannungslos machen und dadurch eine durch Fehler in
den Leitungen sonst mögliche Feuersgefahr verhüten.

Bei der Bedienung der Schalter ist darauf zu achten,
dafs die Stromunterbrechung rasch erfolgt und der Schalthebel nur die dem geschlossenen oder geöffneten Stromkreis entsprechenden Stellungen, aber keine Zwischenstel-
lungen, einnimmt. Erlahmen die zu diesem Zweck an den
Apparaten vorhandenen Federn, so ist zur Verhütung einer
weitergreifenden Beschädigung der Schalter für baldige Abhilfe zu sorgen. Das Gleiche gilt, wenn die Schalter sich erwärmen oder ein von mangelhaften Kontakten und von dem

dadurch entstehenden Lichtbogen herrührendes zischendes Geräusch auftritt. Die Abhilfe besteht in einem Nachspannen oder in einer Erneuerung der Spannfedern, ferner im Reinigen der Kontaktflächen mit feinkörnigem Schmirgelleinen. Lassen sich die Fehler hierdurch nicht beheben, so ist für kräftiger gebaute Schalter zu sorgen. Bemerkt wird noch, dafs an grofsen Schaltern, wie sie meist nur in Maschinenräumen verwendet werden, eine mäfsige Erwärmung nicht zu vermeiden ist; dagegen darf an kleineren Schaltern, wie sie z. B. für Stromkreise bis zu 50 Lampen angewendet werden, eine Erwärmung nicht fühlbar sein.

58. Schmelzsicherung. Die Sicherungen haben den Zweck, von zu starkem Strom durchflossene Leitungen durch Abschmelzen des mittels der Sicherung in jeder Leitung eingeschalteten Drahtes oder Streifens aus leicht schmelzbarem Metall zu unterbrechen und dadurch einem Erglühen der Leitungen vorzubeugen. Die Sicherungen werden im allgemeinen bei jeder Verminderung des Leitungsquerschnitts erforderlich, um den hinter der Sicherung beginnenden schwächeren Drahtquerschnitt vor dem Erglühen zu schützen. Eine Ausnahme von dieser Regel besteht nur insofern, als die letzten Leitungsverzweigungen, auch wenn in denselben noch eine Verjüngung des Drahtquerschnitts eintritt, gemeinsam gesichert werden können, sobald die Strombelastung der Sicherung 6 Ampere nicht übersteigt. Jedoch müssen auch hier bewegliche Leitungsschnüre, weil sie einer Beschädigung leicht ausgesetzt sind, ihrer Strombelastung entsprechend für sich gesichert werden.

Die in Fig. 34 als Beispiel dargestellte zweipolige Sicherung besteht aus den auf einer isolierenden und feuersicheren Grundplatte montierten Kontaktteilen a a' und b b', zwischen welche die leicht schmelzbaren Stanniollamellen x und y eingesetzt werden. Der Apparat mufs so eingerichtet sein, dafs das Einsetzen zu starker, die betreffende

Leitung nicht mehr vor dem Erglühen schützender Lamellen
verhindert wird; es geschieht dies z. B. durch Begrenzung
der Breite und Länge der Stanniollamellen. Sind die von
der Stromquelle kommenden Leitungen mit den Kontakten
a und *b* verbunden, so werden die zu den Lampen führenden und durch die Sicherung zu schützenden Leitungen
an die Kontakte *a'* und *b'* angeschlossen. Der Apparat
wird mit einem von den Leitungen isolierten, feuersicheren
Deckel abgeschlossen. Aufser der vorstehend, um einen
Einblick in das Prinzip der in Frage stehenden Apparate zu
geben, eingehender beschriebenen Sicherung kommen verschiedene andere Konstruktionen, namentlich sehr verlässig

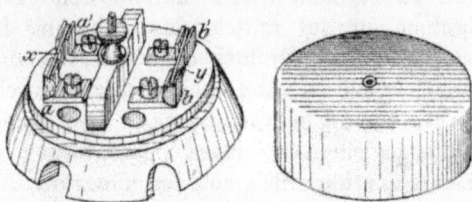

Fig. 34.

wirkende, den Schmelzdraht einschliefsende Sicherungs-
Stöpsel oder Patronen in Anwendung, die ebenfalls so
eingerichtet sind, dafs ein irrtümliches Einsetzen von mit
zu starken Schmelzdrähten versehenen Stöpseln oder Patronen in die zum Schutz eines bestimmten Leitungsquerschnitts angebrachte Sichernug ausgeschlossen ist.

   Um die Sicherungen ordnungsmäfsig bedienen und
namentlich durchgeschmolzene Sicherungen zum Zweck
der Leitungsuntersuchung und des Ersatzes der Patronen
bequem erreichen zu können, sind die Apparate an leicht
zugänglichen Stellen, am besten gruppenweise auf Schalttafeln vereinigt, anzuordnen, wie dies in Fig. 35 schematisch
dargestellt ist. *S* bezeichnet die Schalttafel, auf welcher
mit Hilfe der Sicherungen *s* die drei Lampenstromkreise

a' b' abgezweigt sind. Erforderlichenfalls wird für jeden Stromkreis noch ein Schalter (vgl. 57) *u* auf der Schalttafel angebracht. Hinter jede der bis 6 Ampere Strombelastung zulassenden Sicherungen können, wenn für die Lampe rund 0,8 Ampere gerechnet werden, bis zu 8 Glühlampen geschaltet werden. Die mit einer beweglichen Leitungsschnur versehene Tischlampe *T* muſs eine gesonderte Sicherung besitzen, weil die Leitungsschnur leicht beschädigt wird, und auſserdem eine unten (59) beschriebene,

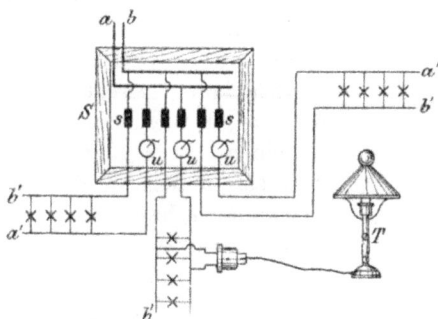

Fig. 35.

am besten mit der Sicherung vereinigte Anschluſsdose erhalten.

Schmilzt eine Sicherung durch, so soll, ehe eine neue Sicherung eingesetzt wird, die Leitung untersucht und ein etwaiger Fehler beseitigt werden. In dringenden Fällen kann man auch den Versuch machen, ohne weiteres eine neue Sicherung einzusetzen; schmilzt diese abermals durch, so muſs die Leitung bis nach erfolgter Beseitigung des Fehlers ausgeschaltet bleiben und zwar am besten an beiden Polen, indem man auch die unbeschädigte Sicherung in dem entgegengesetzten Leitungspol herausnimmt.

59. Anschluſsdosen. Anschluſsdosen sind zur Abzweigung beweglicher Leitungsschnüre von festverlegten

Leitungen, z. B. zum Anschluſs von Tischlampen, erforderlich.

Die Anschluſsdosen für Zugpendel (Fig. 36) enthalten
zwei Kontaktplatten *a* mit je zwei Klemmschrauben für den
Anschluſs der Abzweigungen von den Hauptleitungen und
den Anschluſs der Leitungsschnur *b*
des Zugpendels; die Anschluſsklemmen
der Leitungsschnur müssen mit Hilfe
der mit den Leitungen verflochtenen
Tragschnur *c* von Zug entlastet werden.
Für die Zugpendel - Anschluſsdosen
werden im Gegensatz zu der sonstigen
Abzweigung beweglicher Leitungsschnüre, Sicherungen nicht verlangt;
dieselben wären hier unzweckmäſsig,
weil sie in den an der Decke angebrachten, schwer zugänglichen Anschluſsdosen enthalten sein müſsten.
Wird in einzelnen Fällen besondere
Sicherheit verlangt, so empfiehlt es sich,
die Zugpendel mit von den Schalttafeln
ausgehenden, dort gesondert gesicherten
Zuleitungen zu versehen. Der an dem
Lampenschirm *d* (Fig. 36) angebrachte
Bügel *e* erleichtert das Verschieben der
Lampe in ihrer Höhenlage und trägt dadurch nicht unwesentlich zur Schonung der Leitungsschnur bei.

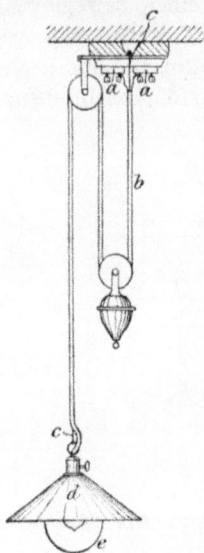

Fig. 36.

Alle übrigen Leitungsabzweigungen mit beweglichen
Leitungsschnüren müssen mit Sicherungen und lösbarem
Kontakt versehen werden, wobei die Sicherungen für
schwächere Leitungsschnüre am besten in den Anschluſsdosen untergebracht sind. Eine solche mit Lamellensiche-
rungen ausgestattete Anschluſsdose ist in Fig. 37 dargestellt;
die Klemmen *a* und *b* dienen für den Anschluſs an die
fest verlegten Leitungen, die Verbindungen mit den beiden

Stiften des Kontaktstöpsels c werden in den Hülsen a' und b' durch Federkontakte bewirkt. Die Enden der aus Kupferseilchen bestehenden Leitungs-
schnur l sind mit den in dem
isolierenden Griff c des Kontaktstöpsels enthaltenen Klemmen zu
verbinden, nachdem die Drähte
jedes Kupferseilchens des ver-
lässigeren Anschlusses wegen
unter sich verlötet worden sind.
Der Apparat wird, ebenso wie
die Sicherung (Fig. 34), mit einem
Schutzdeckel versehen.

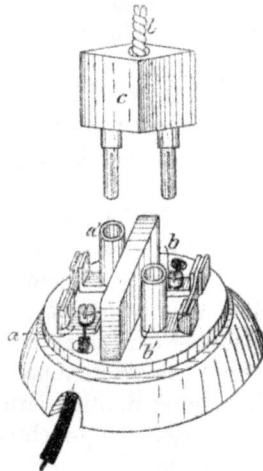

60. Stromzeiger. Derselbe
dient zum Ablesen der Stromstärke, indem der durch die
Stromwirkung abgelenkte Zeiger
des Apparates über einer mit
Ampere-Teilung versehenen Skala

Fig. 37.

spielt. Fig. 38 zeigt die Schaltung des Stromzeigers A in
der von der Maschine ausgehenden Hauptleitung a; der

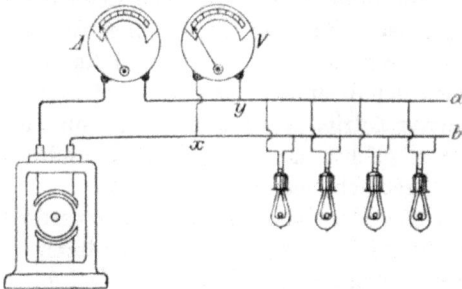

Fig. 38.

Apparat dient hier zum Ablesen der von der Maschine
erzeugten Gesamtstromstärke. In gleicher Weise kann der
Apparat in jeder Leitungsabzweigung zur Feststellung des

in derselben stattfindenden Stromverbrauchs eingeschaltet werden.

61. Spannungszeiger. Der Spannungszeiger, in Fig. 38 mit V bezeichnet, wird ebenso wie eine Glühlampe mit den Leitungen verbunden und gibt die Spannung zwischen den Punkten der Hauptleitung an, von welchen die zum Apparat führenden Leitungen abgezweigt sind; bei der in Fig. 38 dargestellten Schaltung also zwischen den Punkten x und y.

62. Elektrizitätszähler. In Gleichstromanlagen und Wechselstromanlagen, für die letzteren reinen Lichtbetrieb vorausgesetzt, können bei gleichbleibender Klemmenspannung Amperestundenzähler in Anwendung kommen, weil hier der Stromverbrauch (Amperestunden) dem Arbeitsverbrauch (Wattstunden), d. h. den mit der gleichbleibenden Spannung multiplizierten Amperestunden, proportional ist. In Anlagen mit wechselnder Spannung, ferner in Wechselstrom- und Drehstrombetrieben mit Motorenbelastung überhaupt, können nur Wattstundenzähler verwendet werden.

Die Zähler sollen wenn möglich in einem trockenen Raum aufgestellt werden und für das Ablesen leicht zugänglich sein, ohne dafs hierzu eine Leiter oder ein Tritt erforderlich ist. Für die Aufstellung der an Strassenkabelnetze angeschlossenen Zähler sind Räume zu wählen, zu welchen den Beamten der Elektrizitätswerke möglichst unbehinderter Zutritt gestattet werden kann, ferner sollen die Zähler möglichst nahe an den Kabeleinführungen in die Gebäude angebracht werden.

Die Gröfse der Zähler ist der zu erwartenden Strombelastung thunlichst anzupassen, da hierdurch die Genauigkeit der Messung erhöht wird. Für Lichtbetrieb, wobei ein gleichzeitiges Brennen aller Lampen selten vorkommt, genügt es im allgemeinen, die Zähler für 80 % der vorhandenen Lampen zu bemessen. Für Motorenbetrieb werden die Zähler dagegen zweckmäfsig etwas reichlicher bemessen,

als der Strombelastung der Motoren entspricht, um eine
Beschädigung der Zähler durch die beim Ingangsetzen der
Motoren und bei vorübergehenden Überlastungen derselben
vorkommenden höheren Stromstärken zu verhüten.

Das Verfahren beim Ablesen von Zählern wird im
folgenden an den durch Fig. 39 dargestellten Zeigerstellungen
eines Zählerzifferblattes erläutert:

Die drei untereinander gezeichneten Zeigerstellungen
seien durch den Stromverbrauch in zwei aufeinander

Fig. 39.

folgenden Monaten (Januar und Februar) entstanden. Bei
der Ablesung, deren Ergebnis rechts neben den Ziffer-
blättern vermerkt ist, beginne man mit den hohen Zahlen-
werten. Die Ablesung des Zeigerstandes am 1. Januar
(598) bietet keine Schwierigkeiten, dagegen können die
Zeigerstellungen am 1. Februar und 1. März, wie sie infolge
von Zahnluft im Zählerwerk vorkommen, Irrtümer verursachen. Am 1. Februar steht z. B. der Zeiger des Zifferblattes 1000 auf 2, trotzdem ist hier 1 abzulesen, weil der
Zeiger des Zifferblattes 100 erst zwischen 8 und 9 und nicht
schon wieder auf 0 oder vor 0 steht; wenn 2859 statt des

richtigen 1859 abgelesen werden sollte, müſste der Zeiger des
Zifferblattes 1000 in der Nähe von 3 stehen. Daſs am
1. März 2498 statt 2598 abzulesen ist, erklärt sich am einfachsten durch den Vergleich mit der Zeigerstellung am
1. Januar, welche die Ablesung 598 ergiebt. Zur Vermeidung von Fehlern beachte man beim Ablesen eines
Zifferblattes immer noch den Zeigerstand auf dem nach
rückwärts folgenden Zifferblatt. Bei einer regelmäſsigen
Verrechnung des Stromverbrauchs heben sich Ablesefehler,
wie sich an der nachstehenden Tabelle leicht nachweisen
läſst, dadurch auf, daſs ein zu viel berechneter Stromverbrauch bei der folgenden Rechnungsaufstellung als Minder-
verbrauch sich geltend macht und umgekehrt zu wenig
berechneter Verbrauch bei der Aufstellung für den folgenden Monat als Mehrverbrauch auftritt.

Zur Berechnung des Stromverbrauchs bedient man sich
folgender Tabelle, wobei angenommen sei, daſs ein Strich
des Zifferblattes 1 in Fig. 39 eine Kilowattstunde bedeutet.

Tag der Ablesung	Ablesung	Voreilung
	Stromverbrauch in Kilowattstunden	
1899		
1. Januar	598	—
1. Februar	1859	1261
1. März	2498	639

Wie aus der Tabelle hervorgeht, ergiebt sich der von
dem Elektrizitätszähler in einer bestimmten Zeit angegebene Stromverbrauch, indem man den am Anfang jener
Zeit abgelesenen Zeigerstand von dem Zeigerstand am Ende
des betreffenden Zeitabschnittes abzieht. Um den Stromverbrauch im Monat Februar zu erhalten, muſs der
Zeigerstand am 1. Februar »1859« von dem Zeigerstand am

1. März »2498« abgezogen werden; es sind sonach im
Februar 2498 — 1859 = 639 Kilowattstunden verbraucht
worden.

Lassen sich an dem Zifferblatt des Zählers nicht, wie
oben angenommen, die Stromeinheiten unmittelbar ablesen,
so müssen die aus den Zählerablesungen berechneten Vor-
eilungen mit der Zählerkonstanten multipliziert werden.
Ist z. B. für obigen Fall die Zählerkonstante gleich 0,5,
d. h. entspricht ein Strich des Zifferblattes 1 einem Stromverbrauch von 0,5 Kilowattstunden, so muss die aus den
Zählerablesungen berechnete Voreilung mit 0,5 multipliziert
werden; der Stromverbrauch im Monat Februar würde
sonach betragen: 639 × 0,5 = 319,5 Kilowattstunden.

63. Blitzableiter für elektrische Leitungen. Zum
Schutz längerer Leitungen im Freien, sowie unter Umständen in einzeln stehenden Ge-
bäuden, sind Blitzableiter erforderlich. Die Blitzableiter für elektrische
Leitungen sind so eingerichtet, daß
sie einen in die Stromleitungen
gelangenden Blitzschlag zur Erde
ableiten, den hierbei unter Umständen aber durch den Maschinen-

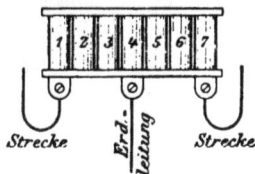

Fig. 40.

strom sich bildenden Lichtbogen selbstthätig unterbrechen.
Dies wird z. B. erreicht durch nahe einander gegenüber-
gestellte Metallwalzen oder Platten aus einer den Lichtbogen
nicht unterhaltenden Metalllegierung, deren Zwischenräume
der Blitz überspringt; die eine der Walzen oder Platten ist
zu diesem Zweck mit den Stromleitungen und die andere
mit einer Erdleitung versehen. Als Beispiel ist in Fig. 40 der
Wurts'sche Blitzableiter dargestellt. Derselbe besteht aus
einer Reihe von in geringem Abstand nebeneinander gelagerten Metallwalzen; die Walzen 1 und 7 sind mit den
Stromleitungen (Strecke) verbunden, die mittlere Walze 4
ist an die Erdleitung angeschlossen. Der Blitz hat sonach

drei Zwischenräume zwischen den Platten zu überspringen, um nach der Erde zu gelangen.

Die Erdleitung ist aus massivem Kupferdraht von nicht unter 50 qmm Querschnitt herzustellen und mit einer nicht unter 2 mm dicken Kupferplatte von rund 1 qm einseitiger Fläche gut leitend zu verbinden, welch' letztere in den feuchten Untergrund einzubetten ist; sicherer noch ist es, zwei durch eine Drahtleitung miteinander verbundene Platten, die dann nur 0,5 qm einseitige Fläche haben müssen, in einiger Entfernung voneinander in die Erde zu legen. Wird das Kupfer in der Erde zerstört, wie es bei bestimmter Zusammensetzung des Erdbodens vorkommt, so sind für die Erdplatten verzinkte Eisenplatten und für die Zuleitungen, soweit dieselben in der Erde liegen, verzinkte Eisendrähte zu verwenden. Aufserdem empfiehlt sich der Anschlufs der Erdleitung an etwa vorhandene Rohrnetze, z. B. an Gas- und Wasserrohre.

Blitzableiter sind anzubringen namentlich an den Einführungsstellen der Leitungen in die Gebäude, sowie unter Umständen bei langen Leitungen auf der Strecke.

Die Blitzableiter sind zeitweise und namentlich nach starken Gewittern zu untersuchen und zu reinigen, wobei durch die Blitzentladung etwa entstandene Schmelzperlen zu beseitigen sind, um einer dadurch möglichen Stromüberleitung vorzubeugen. An dem Apparat etwa entstandene Verschmelzungen sind mit Hilfe einer Feile zu beseitigen, so dafs möglichst der ursprüngliche Zustand wieder hergestellt wird.

64. Aräometer. Das Aräometer (Senkwage), wird zur Bestimmung der Dichtigkeit der Akkumulatoren-Flüssigkeit (vgl. 28) benutzt. Dasselbe besteht aus einer am unteren Ende beschwerten, mit Luft gefüllten Glasröhre, welche, in der Flüssigkeit senkrecht schwimmend, je nach deren Dichtigkeit mehr oder weniger tief in dieselbe eintaucht. Die Dichtigkeit wird an der in der Röhre befindlichen Gradteilung an dem Punkte abgelesen, welcher mit der Flüssigkeitsoberfläche zusammenfällt. Die Angabe der Dichtigkeit geschieht in spezifischem Gewicht oder in Graden nach Baumé.

Leitungen.

65. Leitungssysteme. Die am häufigsten in Anwendung kommenden Leitungssysteme sind im nachstehenden unter Angabe ihrer wesentlichen Merkmale aufgezählt:

a) **Zweileitersystem.** Die Lampen sind parallel geschaltet und an die beiden Leitungen a und b Fig. 41 angeschlossen; die stromerzeugende Maschine ist in Fig. 41 durch das unter 4 angegebene Zeichen dargestellt. Die Stromzuführung und Verteilung muß derart einge-

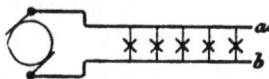

Fig. 41.

richtet sein, daß an den Abzweigungsstellen der Lampen eine möglichst gleichbleibende Spannung erhalten bleibt.

Das Schema eines verzweigten Leitungsnetzes, wie es auch für die Stromverteilung aus Elektrizitätswerken in

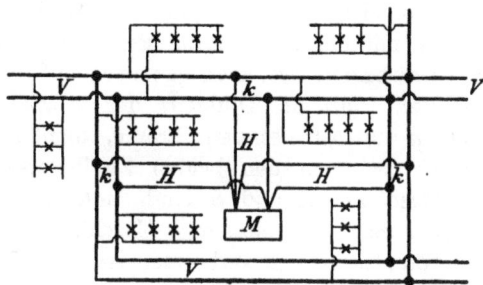

Fig. 42.

Anwendung kommt, wird durch Fig. 42 gezeigt; das Leitungsnetz kann durch eine Verästelung der in Fig. 41 mit a u. b bezeichneten Hauptleitungen entstanden gedacht werden.

Zur Erklärung von Fig. 42 wird bemerkt, dafs die in einem Bogen gezeichnete Überführung einer Leitungslinie über eine andere die gegenseitige Isolierung der Leitungen andeutet. Die zur Stromverteilung an den einzelnen Stromentnahmestellen bestimmten Leitungen, die sog. Verteilungsleitungen V, werden von der Maschinen-Anlage M aus derart mit Strom versorgt, dafs die Spannung in dem Verteilungsnetz auf möglichst gleicher Höhe erhalten wird und demzufolge die Lampen stets gleich hell brennen, gleichgültig ob viele oder wenige Lampen eingeschaltet sind. Dies wird erreicht, indem man die Stromzuführung in den von der Maschinenanlage M ausgehenden und bei k mit dem Verteilungsnetz V verbundenen Speiseleitungen H derart regelt, dafs an den Enden der Speiseleitungen bei k stets gleiche Spannung herrscht. An das Stromteilungsnetz werden die einzelnen Beleuchtungs- und Kraft-Anlagen, bei der Stromversorgung durch ein Elektrizitätswerk also die in die Häuser der Stromabnehmer einmündenden Leitungen angeschlossen.

b) **Dreileitersystem.** In diesem durch Fig. 43 dargestellten Leitungssystem sind zwei Zweileitersysteme derart hintereinander geschaltet, dafs die Hinleitung des einen Systems mit der Rückleitung des andern Systems vereint ist. Der beiden Systemen gemeinsame Leiter c der sog. Mittelleiter, führt die Differenz der in den beiden Aufsenleitern a und b fliefsenden Ströme, dient also zum Stromausgleich zwischen den beiden Zweileitersystemen. Die beiden Maschinen A und B sind hintereinander geschaltet, indem die — Klemme von Maschine A mit der + Klemme von Maschine B verbunden ist. Zwischen den von den Aufsenklemmen der Maschinen abgezweigten sog. Aufsenleitern a und b herrscht im Vergleich zum Zweileitersystem, in beiden Fällen gleiche Maschinen vorausgesetzt, die doppelte Spannung; beträgt dieselbe z. B. 220 Volt, so müssen zwei der üblichen 110 Volt Glühlampen

hintereinander geschaltet werden. Würde letzteres ohne
die Hilfsleitung c geschehen, indem man je zwei hintereinander geschaltete Lampen unmittelbar an die Aufsenleiter a und b anschliefst, so müfsten immer zwei Lampen
gleichzeitig brennen, weil beim Ausschalten der einen
Lampe auch die zugehörige dahinter geschaltete Lampe
erlöschen würde. Dies wird
dadurch beseitigt, dafs die
mittleren Klemmen der
hintereinander geschalteten
Lampen an den zum Strom-
ausgleich dienenden Mittelleiter c angeschlossen wer-
pen. Wird bei der Aus-
führung der Beleuchtungsanlagen dafür gesorgt, dafs die
Lampenzahl zu beiden Seiten des Mittelleiters möglichst
gleich ist, so wird derselbe im Betriebe nur von dem verhältnismäfsig geringen Stromunterschied durchflossen werden,
welcher dadurch entsteht, dafs bald auf der einen und bald
auf der andern Seite eine gröfsere Lampenzahl eingeschaltet
ist. Statt der beiden Maschinen A und B, Fig. 43, kann auch
eine einzige für diesen Zweck besonders gebaute Dreileiter-
maschine angewendet werden.

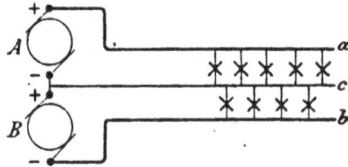

Fig. 43.

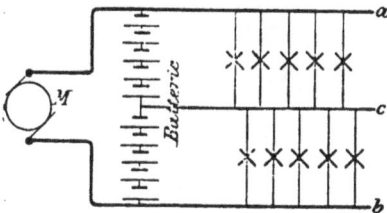

Fig. 44.

Kommen für das
besprochene Leitungs-
system Akkumulatoren
in Anwendung, so kann
der Stromausgleich im
Mittelleiter diesen al-
lein übertragen werden,
indem man den Mittel-
leiter, wie in Fig. 44
gezeigt ist, an die Batteriemitte anschliefst. Die Maschinen-
anordnung läfst sich dann dahin vereinfachen, dafs statt
je zweier hintereinander geschalteter Maschinen A und B

Fig. 43 eine Maschine M Fig. 44 für die doppelte Spannung angewendet wird, von deren Klemme die beiden
Aufsenleiter a und b abgezweigt werden.

Infolge der beim Dreileitersystem im Vergleich zum
Zweileitersystem in Anwendung kommenden, doppelt so
hohen Spannung sind geringere Leitungsquerschnitte erforderlich und kann daher, wenn es sich um ein ausgedehntes
Stromversorgungsgebiet handelt, an Kosten für die Leitungsanlage gespart werden. Bei geringer Ausdehnung des
Leitungsnetzes ist dagegen das Zweileitersystem wegen der
für nur zwei Leitungen aufzuwendenden Kosten der Isolierung billiger. Die Grenze für die Anwendung des einen
oder anderen Systems ist in jedem einzelnen Fall durch
Rechnung festzustellen.

c) **Drehstromsystem.** Hier sind ebenfalls drei
Leitungen vorhanden, die aber im Gegensatz zum Dreileitersystem (vgl. b) gleichwertig sind. Die Lampen, in
Fig. 45 mit L be-
zeichnet, werden
abwechselnd an
zwei der von der
stromerzeugenden
Maschine M aus-
gehenden Leitun-
gen derart ange-
schlossen, dafs die
Belastung der drei
Leitungen a b c
möglichst gleich bleibt. Die Motoren K erhalten Anschlufs
an alle drei Leitungen. Bei der Verteilung von Beleuch-
tungsstrom an einzelne Gebäude werden, wenn es sich
nur um wenige Lampen handelt, nur zwei Leitungen in
die Gebäude eingeführt, so dafs innerhalb der Gebäude
das unter a) beschriebene Zweileitersystem in Anwendung kommt. Handelt es sich um eine gröfsere Lampen-

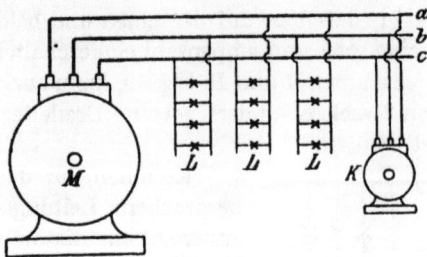

Fig. 45.

zahl, so führt man alle drei Leitungen in die Gebäude ein und bildet erst von den Schalttafeln ab drei gesonderte Zweileiterstromkreise.

66. Leitungsquerschnitt. Die für die Bestimmung der Leitungsquerschnitte maßsgebenden Grundsätze werden nachstehend kurz erläutert, ohne auf die dem Fachmann zu überlassende Leitungsberechnung einzugehen.

Die Bestimmung des Leitungsquerschnitts ist abhängig von der Strombelastung und der zu verlangenden Festigkeit des Drahtes, sowie von dem zulässigen Spannungsverlust.

Die Strombelastung einer Drahtleitung wird durch die vom Strom im Draht hervorgerufene Erwärmung begrenzt; die Drahtquerschnitte müssen daher so gewählt werden, dafs eine Erwärmung ausgeschlossen ist.

Die Festigkeit der Leitungen kommt hauptsächlich bei den schwachen Drähten in Frage; in letzterer Hinsicht gilt die Regel, dafs Leitungen unter 1 qmm Querschnitt im allgemeinen nicht verwendet werden dürfen und nur bei Leitungen an und in Beleuchtungskörpern bis zu 0,75 qmm herabgegangen werden darf.

Die durch die vorbezeichneten Rücksichten für die Wahl der Leitungsquerschnitte bestehenden Grenzen sind durch die unter 4. erwähnten Sicherheitsvorschriften des Verbandes Deutscher Elektrotechniker festgesetzt.

Der Spannungsverlust in den Leitungen steht in geradem Verhältnis zu der Strombelastung und im umgekehrten Verhältnis zum Drahtquerschnitt; d. h. je höher die Stromstärke bei gleichem Querschnitt, um so höher ist der Spannungsverlust und je gröfser der Querschnitt bei gleichbleibender Stromstärke, um so geringer ist der Spannungsverlust. Durch die Forderung, dafs der Spannungsverlust in den Leitungen zur Vermeidung eines ungleichen Brennens der Lampen bei verschieden starker Leitungsbelastung eine bestimmte Grenze nicht übersteigen darf, werden in der Regel gröfsere Leitungsquerschnitte bedingt

als durch die in Rücksicht auf die Drahterwärmung be-
grenzte Strombelastung erforderlich wäre; z. B. wird für
Beleuchtungsanlagen ein Spannungsverlust in den Strom-
verteilungsleitungen (vgl. 65 a) von 1,5 bis höchstens 3 %,
d. h. bei 110 Volt Leitungsspannung von rund 1,5—3 Volt,
zugelassen.

67. Leitungsmaterial. Für die Stromleitungen wird
im allgemeinen nur Kupferdraht von bester Leitungsfähig-
keit benutzt.

a) **Blanke Leitungen** sind nur im Freien und in
feuersicheren Räumen ohne brennbaren Inhalt, wenn die
Leitungen vor Beschädigung und zufälliger Berührung gesichert sind, ferner in den nur fachkundigen Personen zugänglichen Maschinenräumen zulässig. Die Anwendung
blanker Leitungen im Innern der Gebäude kommt, abgesehen von den Maschinenräumen, überhaupt nur dann in
Frage, wenn der Benutzung isolierter Leitungen Bedenken
entgegen stehen, wie dies beim Auftreten von die Leitungsisolierung zerstörenden Gasen und Dämpfen, z. B. in Akku-
mulatorenräumen, Gärkellern, chemischen Fabriken u. s. w.
der Fall ist. In den letztbezeichneten Fällen werden die
Leitungen mit einem säurebeständigen Anstrich, wozu
Emaille-Lack u. dergl. in Anwendung kommt, versehen.

b) **Isolierte Leitungen** wählt man je nach den
nachstehend erörterten Anforderungen in verschiedener Güte.

Die geringwertigste und nur in vollkommen trockenen
Räumen verwendbare Isolierung besteht in einer doppelten
Umspinnung der Drähte mit einem faserigen, mit flamm-
sicherer Masse getränkten Isoliermaterial.

Bei der am häufigsten angewendeten, immer aber noch
auf trockene Räume zu beschränkenden Isolierung befindet
sich unter der vorbezeichneten doppelten Umspinnung eine
Gummiband-Umwickelung. Da der hier in Anwendung
kommende vulkanisierte Gummi das Kupfer angreift, so

muſs sich unter dem Gummiband noch eine Baumwoll-
umspinnung befinden und muſs auſserdem der Kupferdraht
verzinnt sein.

Verlässiger ist eine Gummi-Isolierung in Form einer
ununterbrochenen, nahtlosen und vollkommen wasserdichten
Hülle; derart isolierte Drähte können, soweit ätzende
Dämpfe nicht zu befürchten sind, auch in feuchten Räumen
angewendet werden.

Blanke Bleikabel, bestehend aus auf der Kupferseele
liegenden Isolierschichten und einem nahtlosen doppelten
oder mehrfachen Bleimantel, müssen vor Beschädigung geschützt sein und dürfen mit Stoffen, welche das Blei an-
greifen, z. B. mit Kalk- oder Cementmauerwerk, mit in Fäulnis
übergehendem Holz u. s. w. nicht unmittelbar in Berührung
kommen.

Auch mit asphaltierter faseriger Umwickelung versehene
Bleikabel bedürfen eines verlässigen Schutzes gegen Beschädigung.

Für die Verlegung von Kabeln in der Erde und überall,
wo eine mechanische Verletzung des Bleimantels zu befürchten ist, sind nur eisenbandarmierte Kabel, d. h. Kabel
zu empfehlen, bei welchen sich über dem Bleimantel eine
faserige, asphaltierte Umspinnung, dann eine doppelte Eisen-
bandumwickelung und darüber wieder eine asphaltierte,
faserige Umspinnung befindet.

Es werden Einfachkabel, d. h. Kabel mit nur einem
Kupferleiter, Doppelkabel mit in einem Kabel liegenden
Hin- und Rückleitungen und dreifache Kabel hergestellt.
Bei Wechselstrom müssen beide Leitungen, bei Drehstrom-
betrieb alle drei Leitungen in einem Kabel vereint sein.

68. Isolier- und Befestigungsmaterial. Die Isolierung der Leitungen ist um so besser, je mehr dieselben
frei in der Luft, d. h. ohne Berührung mit irgend welchen
Gegenständen verlegt werden können. Es müſste demnach
die Zahl der Stützpunkte der Leitungen möglichst verringert

werden; da hierdurch aber anderseits die Dauerhaftigkeit
der Leitungsführung leidet, so müssen die Entfernungen
der Stützpunkte in durch den praktischen Betrieb sich
ergebenden engeren Grenzen gehalten werden.

Für die Verlegung von blanken Leitungen, sowie von
isolierten Leitungen in feuchten Räumen werden Doppel-
glocken-Isolatoren (vgl.
Fig. 46) angewendet. Es
sind dies aus Porzellan
hergestellte Isolatoren,
bei welchen die nach
unten gekehrte doppelte
Glocke, selbst wenn
deren Oberfläche sich
mit Feuchtigkeit be-
schlägt, dem Stromüber-
gang nach der Erde
einen hohen Widerstand entgegensetzt. Für hohe Spannungen, etwa über 2000 Volt, kommen meist Glocken
mit drei Mänteln in Anwendung.

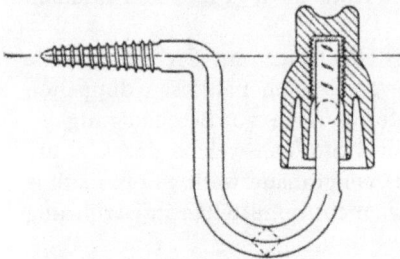

Fig. 46.

Bei der Leitungsführung durch Wände und Decken
müssen Porzellan- oder Hartgummirohre in dieselben eingesetzt werden, welche über die
Wand- und Decken- bezw. Fufs-
bodenfläche vorstehen. Für die
Leitungseinführungen in die Gebäude verwendet man nach unten
gekrümmte, gegen das Eindringen von Feuchtigkeit
schützende Porzellantrichter (Fig. 47).

Fig. 47.

Für die Verlegung isolierter Leitungen kommen in
erster Linie Isolierrollen in Betracht. Fig. 48 zeigt zwei
mittels eines Eisendübels in der Mauer befestigte Isolierrollen mit auf denselben montierten Leitungen.

Ist eine Leitungsverlegung auf Isolierrollen wegen des
wenig guten Aussehens nicht zulässig oder müssen die

Leitungen, soweit sie z. B. vom Fußboden aus mit der
Hand erreicht werden können, besonders geschützt werden,
so kommt eine Leitungsverlegung in Isolierrohren in Anwendung. Fig. 49 zeigt eine
Muffenverbindung von mit Messingmantel
versehenen Isolierrohren zur Hälfte in der
Ansicht und zur Hälfte im Schnitt; die
Muffe ist in der Wulst *b* und den Rillen *r*
mit einem nach erfolgter Erwärmung der
Muffe abdichtenden Kitt versehen. Wird
eine widerstandsfähigere Leitungsverlegung
in Rohren verlangt, so kommen mit einem

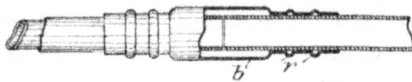

Fig. 48.

Eisenmantel geschützte Isolierrohre in Anwendung. Die
Rohrverlegung muß derart geschehen, daß die Leitungen
in die fertig verlegten Rohre eingezogen werden können.
Sollen die Rohre in
Mauern und Decken
eingelegt werden, so
ist auf die Verwen-
dung besten Ma-

Fig. 49.

terials und auf die Ausführung durch verlässige und
erfahrene Monteure besonderes Gewicht zu legen.

69. Leitungskuppelung. Die Leitungskuppelungen,
d. h. die Verbindungen der Leitungen untereinander, müssen
derart hergestellt sein, daß die Verbindungsstellen dem
Stromübergang keinen höheren Widerstand entgegensetzen
als die Leitungen selbst. Die Verbindungen der Drähte
müssen daher einen dem Stromdurchgang genügenden
Querschnitt erhalten und sind zu verlöten; von letzterem
kann nur abgesehen werden, wenn eine anderweitige, der
Verlötung gleichwertige Verbindung in Anwendung kommt.
Ein einfaches Umeinanderwickeln der Leitungen ohne
Lötung ist, weil feuergefährlich, unstatthaft. Die Herstellung
der Drahtverbindungen darf wegen des von der Verlässig-
keit der Ausführung wesentlich abhängigen störungsfreien

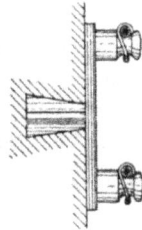

Betriebs der Anlagen nur geschulten Arbeitern überlassen
werden.

70. Fehler in den Leitungen. Die Fehler in den
Leitungen bestehen im allgemeinen entweder in einer
Unterbrechung der Leitungen oder in einem infolge schad-
hafter Leitungsisolierung für den Strom sich bildenden
Nebenweg, einem sog. Erd- oder Kurzschluſs. Um Fehler
in den Leitungen rechtzeitig zu entdecken und umfangreiche
Zerstörungen zu verhüten, ist zeitweise, etwa alljährlich
einmal, eine gründliche Untersuchung der Leitungen zu
veranlassen. Die wesentlichsten in Leitungsnetzen vorkommenden Fehler sind nachstehend aufgezählt.

a) Leitungsunterbrechung. Abgesehen von der
durch ein Abschmelzen der Sicherungen entstehenden
selbstthätigen Stromausschaltung werden Leitungsunter-
brechungen durch mangelhafte Verbindungen der Leitungen
unter sich oder mit den Apparaten und Lampen, unter
Umständen auch durch einen Drahtbruch herbeigeführt.
Häufiger als vollständige Unterbrechungen sind mangelhafte
Leitungsverbindungen; durch den an solchen Verbindungsstellen entstehenden höheren Leitungswiderstand und die
dadurch bedingte Erwärmung der Verbindungsstellen kann
ein dunkles Brennen der Lampen und, falls die Verbindungsstellen Erschütterungen ausgesetzt sind, ein Zucken des
Lichtes verursacht werden. Wegen der durch die Erwärmung der Verbindungsstellen entstehenden Feuersgefahr ist
für umgehende Abhilfe zu sorgen.

An feuchten Stellen kann eine elektrolytische Zerstörung
der Kupferdrähte vorkommen, so daſs der nach und nach
dünner werdende Draht schlieſslich abbricht. Erfolgt der
Drahtbruch bei geschlossenem Stromkreis, d. h. bei eingeschalteten Lampen, so entsteht an der Unterbrechungs-
stelle ein Lichtbogen, durch welchen eine Entzündung
benachbarter brennbarer Gegenstände möglich ist.

b) **Erdschlufs.** Unter Erdschlufs versteht man eine
leitende Verbindung der in fehlerfreiem Zustand isolierten
Leitungen mit der Erde, d. h. mit der feuchten Mauer,
einem Gas- oder Wasserrohr oder dergl. Entsteht z. B. bei x
Fig. 50 eine leitende Verbindung zwischen der Zweigleitung
a' x und einem Gasrohr, so erfolgt, bei im andern
Leitungspol ebenfalls vorhandenem Erdschlufs, ein Stromausgleich zwischen den beiden Leitungspolen.

c) **Kurzschlufs.** Kurzschlufs entsteht durch die
unmittelbare Berührung zweier verschiedenen Polen an-
gehöriger Leitungen oder durch eine
anderweitige gut leitende Verbindung
derselben. Letzteres tritt z. B. ein,
wenn die Kupferseelen der beiden
Zweigleitungen a' x und b' y Fig. 50
bei x bezw. y ein Gasrohr berühren;
es entsteht dann ein gutleitender
(kurzer) Stromweg durch die zwischen
die Leitung geschaltete Rohrstrecke
x y, wobei der die beiden Zweig-

Fig. 50.

leitungen durchfliefsende starke Strom durch Abschmelzen
der Sicherungen s (vgl. 58) selbstthätig unterbrochen wird.
Wären die Sicherungen nicht vorhanden oder zu stark
gewählt, so würden die betreffenden Leitungen glühend
werden.

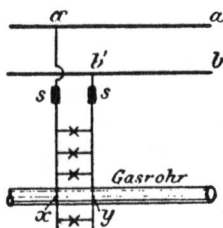

Mafsregeln für Hochspannungsanlagen.

71. Allgemeines. Die Höhe der für den Menschen
gefährlichen Spannung ist von der Körperbeschaffenheit
des einzelnen und von der mehr oder weniger isolierenden
Bekleidung, namentlich der Fufsbekleidung, in so hohem
Grade abhängig, dafs bestimmte Grenzen für die Höhe
der gefährlichen Spannung nicht angegeben werden können.
Personen, die an feuchten Händen und Füfsen leiden,
sind für die Stromwirkung besonders empfindlich. Im

6 *

allgemeinen wird angenommen, dafs bei Gleichstrom eine
doppelt so hohe Spannung als bei Wechselstrom erforderlich ist, um die gleiche Wirkung 'auf den menschlichen
Körper auszuüben.

Der nicht Fachkundige vermeide unter allen Umständen
die Berührung elektrischer Leitungen und Apparate.

**72. Hilfeleistung bei Unglücksfällen durch Strom-
wirkung.** In Wechselstrombetrieben hat das Berühren
der Leitungsdrähte einen krampfartigen Zustand zur Folge,
wodurch ein Loslassen der Drähte unmöglich wird. Um
einen Verunglückten von den Leitungen zu entfernen sind
dieselben wenn möglich schleunigst auszuschalten, oder 'es
ist die Maschine abzustellen. Ist dies nicht ausführbar, so
sucht man die Leitungen durch Überwerfen eines Drahtes
oder einer Kette kurz zu schliefsen und dadurch ein selbst-
thätiges Ausschalten durch die Sicherungen zu bewirken;
den über die Leitungen zu werfenden Draht darf man,
wenn er die Leitungen berührt, nicht mehr in der Hand
halten. Oder man durchschlägt die Leitungen mit Hilfe
eines mit trockenem Holzgriff versehenen Beils.

So lange der Verunglückte mit den Leitungen in
Verbindung steht, berühre man dessen Körper nicht
unmittelbar. Man suche ihn durch Anfassen an seiner
Kleidung, falls dieselbe trocken ist, von den Leitungen
wegzureifsen oder mit Hilfe einer trockenen Holzstange
von den Leitungen wegzuschieben. Sind Gummihandschuhe
vorhanden, so bedient man sich dieser.

73. Wiederbelebung vom Scheintod. Ist der Verunglückte scheinbar leblos, so schicke man ungesäumt nach
einem Arzt und versuche bis zu dessen Ankunft, wie nachstehend angegeben, die Atmung wieder einzuleiten.

a) Alle den Körper des Verunglückten beengenden
Kleidungsstücke, Hemdkragen, Gürtel u. s. w. sind zu öffnen. Man legt den Verunglückten auf den Rücken und
schiebt ein Polster aus zusammengelegten Kleidungsstücken

unter seine Schultern und den Nacken, so daſs der Kopf
etwas nach unten hängt. Die Zunge wird in der Mitte
der Mundhöhle mit einem Taschentuch erfaſst, langsam
aber kräftig herausgezogen und, wenn ein zweiter Helfer
nicht zur Verfügung steht, auf dem Kinn mit Hilfe des
Taschentuchs festgebunden. Der Mund ist erforderlichenfalls gewaltsam mit einem Holz oder dem Griff eines
Taschenmessers zu öffnen.

b) Man kniet am Kopfe des Verunglückten nieder, das
Gesicht demselben zugewandt, ergreift die Arme unterhalb
der Ellbogen und zieht sie im Bogen über den Kopf, so
daſs sie beinahe zusammenkommen. In dieser Stellung
werden die Arme zwei bis drei Sekunden lang gehalten
(Ausdehnung des Brustkastens, Eintritt der Luft), dann
führt man die Arme auf demselben Wege wieder zurück und
drückt sie kräftig gegen die Seiten des Brustkastens (Aus-
treiben der Luft aus der Lunge). Dies wird 16 bis 20 mal
in der Minute wiederholt und ein bis zwei Stunden fortgesetzt, falls die Atmung nicht früher wiederkehrt.

Ferner versetzt man dem Verunglückten zeitweise
einige Schläge mit dem Ballen der Hand gegen die linke
Brustseite, etwa 5 cm unter der Brustwarze. Die hierdurch
bewirkte Erschütterung der Brust bezweckt die Anregung
der Herzthätigkeit.

c) Steht ein zweiter Helfer zur Verfügung, so erfaſst
dieser die Zunge mit einem Taschentuch, wie oben angegeben, und zieht sie kräftig heraus, so oft die Arme über
den Kopf gezogen werden, und läſst sie wieder zurück-
gehen, wenn die Brust zusammengedrückt wird; also ebenso
oft wie das Bewegen der Arme erfolgt.

d) Ferner empfiehlt es sich, den Körper durch kräfti-
ges Reiben der Brust, der Schenkel und Beine mit einem
rauhen Handtuch oder dergl. zu erwärmen. Nicht ratsam
ist es, dem Verunglückten Getränke einzuflöſsen.

www.ingramcontent.com/pod-product-compliance
Lightning Source LLC
Chambersburg PA
CBHW031415180326
41458CB00002B/373